U0187765

2009年

中国传统桑蚕丝织技艺
——入选——
联合国教科文组织
人类非物质文化遗产代表作名录

与孩子们一起走进

丰富多彩的非遗世界

希望

每一个中国人都是

中华文化的传承人

小小传承人：非物质文化遗产

崔宪 主编

中国传统桑蚕丝织技艺

刘先福 编著

GUANGXI NORMAL UNIVERSITY PRESS
广西师范大学出版社
·桂林·

ZHONGGUO CHUANTONG SANGCANSIZHI JIYI
中国传统桑蚕丝织技艺

出版统筹：汤文辉
品牌总监：李茂军
选题策划：李茂军
　　　　　梁　缨
责任编辑：戚　浩
助理编辑：梁　缨　孙金蕾
美术编辑：卜翠红
营销编辑：李倩雯　赵　迪
责任技编：郭　鹏

图书在版编目（CIP）数据

中国传统桑蚕丝织技艺 ／ 刘先福编著．—桂林：广西师范大学
出版社，2021.1（2022.11 重印）
　　（小小传承人：非物质文化遗产 ／ 崔宪主编）
　　ISBN 978-7-5598-3365-5

　　Ⅰ．①中… Ⅱ．①刘… Ⅲ．①桑蚕丝绸－丝织工艺－中国－
青少年读物 Ⅳ．①TS145.3-49

　　中国版本图书馆 CIP 数据核字（2020）第 221493 号

广西师范大学出版社出版发行
（广西桂林市五里店路 9 号　邮政编码：541004　）
（网址：http://www.bbtpress.com　　　　　　　）
出版人：黄轩庄
全国新华书店经销
北京博海升彩色印刷有限公司印刷
（北京市通州区中关村科技园通州园金桥科技产业基地环宇路 6 号
邮政编码：100076）
开本：787 mm × 1 092 mm　　1/16
印张：8　　　　字数：100 千字
2021 年 1 月第 1 版　　　2022 年 11 月第 2 次印刷
定价：59.80 元

如发现印装质量问题，影响阅读，请与出版社发行部门联系调换。

前言

陕北温暖的土炕上，姥姥把摇篮里的孩子哄睡了，拿出剪子剪窗花，阳光透过窗花映照在孩子熟睡的脸庞上；

夜色中的村社戏台，一盏朦朦胧胧的油灯，几个皮影，一段唱腔，变幻出了一个浓墨重彩的影像世界；

村里，一群健壮的男人正在为一座房屋架大梁，这种靠着榫卯构件互相咬合来建房屋的技艺，在我国建筑工匠的手中传承了千年……

这些手工技艺、传统表演技巧、传统礼仪等，我们称之为非物质文化遗产（简称非遗），它蕴含着几千年来中华民族的文化精髓，蕴藏着中华民族独树一帜的思维方式和审美习惯，是古人留给我们的精神财富，也是遗留在人类文明历史长河中的一颗又一颗美丽的珍珠。尽管一代又一代的中国人曾浸染在这些传统、习俗和技艺中，但随着社会生产方式的改变与现代科技的进步，一些传统技艺和艺术形式逐渐退出了社会舞台，被人们忽视甚至遗忘。

为了更好地保护和传承传统文化，国务院决定，从 2006 年起，每年六月的第二个星期六定为中国的"文化遗产日"（2017 年改名为"文化与自然遗产日"）。

我们也在思考，如何让这些宝贵的文化遗产走入我们的孩子中间，让孩子更好地了解它们，亲近它们，体会它们的魅力与价值。

出于这样的初衷，广西师范大学出版社联合中国艺术研究院的部分专家共同打造了这套"小小传承人：非物质文化遗产"系列图书。这套丛书按照传承度广、受众面大和影响力深等标准，精心挑选了我国入选联合国教科文组织人类非物质文化遗产代表作名录的代表性项目，通过对它们发展脉络的梳理、传承故事的讲述和文化内涵的阐释，向孩子展示非遗独特的人文魅力和文化价值，让孩子认知非遗，唤起孩子对非遗的热爱。

把历史、民俗、地理等知识融合在一起，用不同形式的精美实物图和手绘图穿插配合，诠释文字内容，以及边介绍边拓展边提问的互动问答设计……书中所有的这些构思设计都是为了让孩子更好地知晓古老习俗、技艺的发展和演变，体味匠心独运的巧妙，领悟古人的智慧、审美和创造力，传承博大精深的中华文化。

习近平总书记指出，中华文化延续着我们国家和民族的精神血脉，既需要薪火相传、代代守护，也需要与时俱进、推陈出新。

我们为此而努力着。

我们希望，每一个中国人都是中华文化的传承人。

小贴士

小贴士关注提示

人物小贴士

相关人物介绍提示

篇章相关知识点拓展

知识点拓展关注提示

问答题、选择题

选择题答案选项

前面选择题的正确答案

可以在问题下面的横线处写上答案

1 历史篇

探寻
桑蚕丝织史

从一根根细细的蚕丝到华美艳丽的丝绸，要经历复杂的手工织造过程。我们的祖先最早发现了蚕丝的奥秘，这才有了后来令世界惊叹的丝绸文明。让我们从观察蚕宝宝讲起，探寻栽桑养蚕、纺织成衣的历史，在神话与考古的故事里回顾充满传奇色彩的丝织历史吧。

神奇动物在哪里

吐出丝来造间房　白白身子细又长　专吃叶子不吃菜　有种虫儿真奇怪

你能猜出谜语里的小虫是什么吗？

没错，它就是蚕，一种神奇的动物。

你即使没有见过真正的蚕，也应该听说过它的故事。

科学家将自然界里已知的生物进行了详细的分类。蚕属于昆虫纲，鳞翅目。中国的很多地方都有蚕，蚕最早都是野生的，后来才被人类饲养。

蚕的发育要经过卵、幼虫、蛹、成虫四个不同时期，像我们比较熟悉的蜜蜂、苍蝇、蚊子都属于这种类型。因为蚕的一生在不同时期有不同的形态，所以它被科学家称为"完全变态昆虫"，这是它第一个特别的地方。

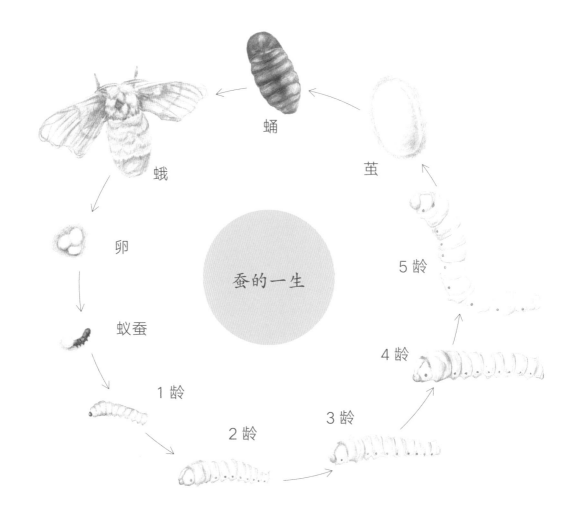

蛹

蛾

茧

卵

5 龄

蚁蚕

蚕的一生

4 龄

1 龄

3 龄

2 龄

　　蚕的英文名字是"silkworm"，由"silk"（丝）和"worm"（虫）两个单词组成，合起来的意思就是"能吐丝的虫子"，所以蚕第二个特别的地方就是能吐丝了。为了织成一个蚕茧，蚕吐出的丝可以达到 1000 米长。

　　蚕的食物比较单一，科学家称它为"寡食性昆虫"，这是蚕第三个特别的地方。由于蚕的品种很多，所以吃的东西也不完全相同。如非特别指出，后文我们所讲的蚕指的是"家蚕"，因为最爱吃桑叶，所以也叫它桑

寡食性昆虫

食性较狭的一类昆虫，只以少数亲缘相近的植物或动物为食料。

蚕。虽然它也可以勉强吃些柘叶、榆叶、蒲公英、莴苣^{wō jù}叶等，不过最适合蚕吃的食物还是桑叶。

刚刚破茧而出的蚕宝宝非常小，就像蚂蚁一样，称为蚁蚕。它毛茸茸的，颜色黑黑的。孵化后不久，它就可以慢慢地吃桑叶了。随着蚕宝宝长得越来越大，它吃的桑叶也越来越多，是一个"大胃王"。

吃饱后，蚕会排出黑色颗粒状的粪便。蚕是非常爱干净的动物，为了让它健康长大，我们每天都要给它打扫房间，换上新鲜干净的桑叶。蚕不喜欢刺激性的气味，怕光，也怕水，所以养蚕是一件需要耐心的工作。

蚕的生命并不长，只有几十天。蚕每蜕一次皮，就会换上一件新衣服，这就相当于长大了一"龄"。如果你看到它昂着头不吃不喝，一动不动，很可能就是在休眠蜕皮呢。这是蚕的第四个神奇之处。经过四次休眠和蜕皮以后，蚕长到5龄，就可以吐丝结茧了。

这时候，蚕的身体变得有些透明，也不喜欢吃它最爱的桑叶了，它会寻找一个合适的地方开始"变身"。准备工作完成后，它就抬着头不停地摆动，吐出"S"形或"8"形的丝。蚕先吐点儿丝固定好位置，然后慢慢用丝把自己缠绕起来，在一头吐丝织好一层后，蜷^{quán}着身子转过来再吐丝织另一头，循环往复，最终把自己完全封闭在茧壳里面。这个过程需要两天多。在蚕茧里，它会完成最后一次蜕皮，变成蚕蛹。

再过十来天，破茧而出的就是蚕蛾了。蚕蛾虽然也有翅膀，但并不能飞。雄蛾在与雌蛾交尾后就死了，而雌蛾需要繁衍后代，一只雌蛾会产下 500 多枚蚕卵。

蚕的体型虽然很小，但它的一身都是宝。蚕沙（蚕的粪便）具有药用价值，蚕蛹是富含蛋白质的食物。

桑蚕养殖和丝织技术最早起源于中国，后来传遍世界各地，丝绸也成为中国特产。现在，我们可以向全世界骄傲地展示我们的丝绸和我们的桑蚕丝织技艺，这是我们祖先带给全人类的重大发明和创造，展示了我们祖先的聪明才智和高超技艺。

那么，我们的祖先是从什么时候开始养蚕、缫丝的呢？又是谁教会了人们织锦成衣的呢？带着这些问题，让我们一起开始神奇的桑蚕丝织之旅吧！

缫丝

把蚕茧浸在热水里，抽出蚕丝。

问 下列对蚕的发育过程分期，顺序正确且完整的是

你能选出正确的答案吗？请在正确的答案后面打"✓"。

答① 蛹、幼虫、卵、成虫 ☐

答② 卵、幼虫、蛹、成虫 ☐

答③ 卵、幼虫、成虫 ☐

答案在第 8 页

半个蚕茧的谜团

半个茧壳

从自然界的蚕丝到人们穿在身上的漂亮衣服，经历了漫长的过程。那么人类是从什么时候开始发现蚕和蚕丝的呢？

1926年春天，一支清华大学的考古队在山西省运城市夏县的西阴村发现了一处史前遗址，后来证明这里属于公元前5000年至公元前3000年的仰韶文化。"中国考古学之父"李济先生主持了这次的考古工作，他在考古报告中记录了一项重要发现，那就是半个茧壳。

在发掘出的众多文物中，半个茧壳并不起眼，它长约1.36厘米，宽约1.04厘米，非常小。在显微镜下，可以看到茧壳一端虽然已经腐烂了，但剩下的部分仍然闪着丝绸般的光泽，这半个茧壳的割口又齐又直，应该是用锋利的工具切开的。所以，考古学家断言，这一定是人为的。

要知道，这个遗址距今可是有约7000年的历史啊！队员们十分惊喜，马上请教了著名昆虫学家刘崇乐教授。作为严谨的科学

仰韶文化

我国黄河流域新石器时代的一种文化，因最早发现于河南仰韶村而得名。它的存在时间大约在公元前5000年至公元前3000年。

家，刘教授抱着怀疑的态度，像大侦探一样仔细端详着这半个茧壳，开始认真地分析起来。

他找来当地的蚕茧进行比较，推定这是蚕茧。后来人们使用科技手段鉴定，证明了他的推定，也鉴定出这半个蚕茧真的是5000多年前遗留下来的。最重要的一点是，齐直的割口一定是人工所为，不是哪只野生的蚕留下来的。这就确证了中国是世界上最早开始养蚕的国家。在此之前，我们虽然也是这样推测的，但是一直找不到直接的证据。

那么，这半个茧壳是后来被别人埋下去的吗？不是！因为茧壳被埋藏在近坑底的位置，它上面的土层没有任何人为掩盖的痕迹。可惜的是，在后面的发掘中并没有再发现过类似的蚕茧。

位于黄河流域的夏县，丝织业历史悠久。李济先生也从人类学的角度琢磨这半个茧壳的来历。这半个茧壳到底是谁留下的呢？这个谜团恐怕已无人能解。几经辗转，这半个茧壳现在被收藏在中国台北"故宫博物院"里。

　　蚕，这种神奇的动物，是谁最早发现了它的独特之处？又是谁教会了人们养蚕织锦呢？想要了解这些问题，我们还是看看古代流传下来的神话故事吧。

　　西阴村遗址位于山西省夏县西阴村东北高地上，属新石器时代的仰韶庙底沟文化、庙底沟二期文化、三里桥类型文化和商代二里岗文化共存的遗址。

先蚕嫘祖

《史记》

最初被称为《太史公书》或《太史公记》《太史记》，西汉史学家司马迁撰写，是中国历史上第一部纪传体通史，记载了上古传说中的黄帝时代至汉武帝太初四年间共3000多年的历史。

男耕女织

男的耕地，女的纺织。中国传统社会的生产模式和家庭的自然分工。

蚕丝祖神的传说

以黄帝元妃嫘祖为主人公的民间口头文学，产生并流传于四川省盐亭县、金鸡镇、高灯镇、八角镇一带。

我们的祖先很早就使用文字来记录历史，上古的神话也多散落在各类古书当中。想探寻第一个养蚕人，我们就从一本重要的历史书《史记》中找起吧。这本书里面提到黄帝娶了西陵之女嫘祖，嫘祖就是我们现在尊称的"先蚕"——最早教大家养蚕丝织的女神。

民间流传的蚕神有很多位，但嫘祖之所以最重要，是因为她是封建时代由国家认可的蚕神。古时，春天来临，正是养蚕和耕种开始的时候，皇后会举行隆重仪式祭祀先蚕嫘祖，皇帝会祭祀农神。这是我们古代男耕女织社会的习俗。

嫘祖的家乡西陵，据说是现在的四川省盐亭县，那里建有嫘祖陵，至今还流传着她的故事。"蚕丝祖神的传说"也成为四川省非物质文化遗产代表性项目。在湖北、山西等很多地方也都流传有嫘祖的传说。

嫘祖是怎么发现蚕宝宝秘密的呢？民间传说的版本有很多。

据说，嫘祖原名叫嫘凤。有一次为了给爹娘寻找食物，她无意中发现了桑树的果实（桑葚）可以充饥，吃桑叶的虫子可以吐丝结茧。她就把蚕茧的丝拉出来，缠绕在一起，拿回家给爹娘铺在床上，非常暖和。她想，要是蚕丝能织成布，做成衣服就更好了。聪明的嫘祖发明了织机，开始用蚕丝做衣服。

开始的时候，嫘祖把丝一根根从蚕茧上抽出来，很费力，而且丝很容易断。她十分苦恼，想找到更好的办法。一天，她正在做饭，突然刮起一阵风，把盛在盘子里的蚕茧刮到了热水里。这可怎么办啊？要是把蚕茧烫坏了，就不能做衣服了，她慌忙去捞。谁知道经过这么一煮，又白又细的蚕丝竟然很容易从茧上被抽出来了，而且不容易断。这样，嫘祖就又发明了缫丝技艺，并毫无保留地把这些技艺教给当地的人们。

黄帝打仗路过西陵的时候，发现这里的人穿着漂亮的衣服。他得知是嫘祖的功劳后，很欣赏她的聪明和善良，就娶了嫘祖为妻，希望她把这项技艺传给全天下的百姓，让大家都能穿上舒适保暖的衣服。

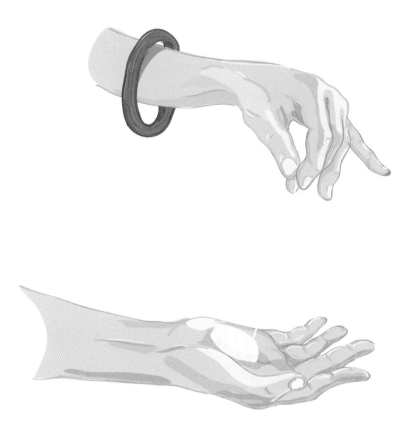

后来，人们把嫘祖奉为蚕神。每年桑树发芽，人们准备养蚕的时候，还有嫘祖生日（有农历二月初十和三月十五两种说法）的时候，人们都会祭祀她，感恩她传下的技术，同时祈求她保佑蚕农获得丰收。

当然，嫘祖只是神话故事中的人物。我们相信，在远古的时候，是真的有勤劳智慧的先民发现了养蚕缫丝的奥秘，并把它传给了大家。嫘祖可能就是其中的代表。

 问

历史上很多发明都是偶然的，你
觉得是这样吗？

你能写出答案来吗？

 答

神圣的桑树

在古人心中，蚕是变化无穷的神奇动物。它的破茧而出就是死而复生的开始，这符合中国人传统的生死循环的观念。蚕为什么能有这么大的本事呢？古人认为这一定和它的食物有关，它只爱吃桑叶，这就注定了桑树的不同寻常。正是在这种逻辑下，桑树在古代就被认为是沟通上天与人间的神圣之树。

在自然界里，桑树属于桑科桑属，是多年生的落叶乔木或者灌木。我国是桑树品种最多的国家，古人很早就开始种植桑树。

桑树

一种重要的经济作物，叶子主要用于养蚕。树干和枝条可以用来制作木器、造纸。果实桑葚可以食用或酿酒。桑树的叶子、果实、根茎、树皮均可入药。

古人眼中有两件很重要的事——子孙繁衍和庄稼丰收。桑树既然被视为神圣之树，人们就选择在桑林中举行求子和求雨的活动。

因为人们崇拜桑树，所以桑林就成为神圣的地方。古人想象出的神树叫作"扶桑"，那是太阳休息的地方。传说很久以前天上有十个太阳，一个太阳在天空运行，剩下

的九个在扶桑树下面休息，它们轮班工作。后面，就有了我们熟知的"后羿射日"的神话。

在文学作品与史书中都有关于桑树的记录。在两千多年前的诗歌总集《诗经》中就有不少篇章写到了桑树，可见当时桑树已经是人们熟知的植物了。

说到桑树，历史上很多伟大人物的出生都和它有关。据说商代著名的宰相伊尹和儒家圣人孔子都是出生在一个叫"空桑"的地方，"桑"也成为生命力的象征。

总之，桑的神圣与神秘，跟蚕有着密切的关系。

古人为什么喜欢在桑林里许愿？

你能写出答案来吗？

文字里的桑与蚕

　　桑和蚕不仅存在于传说里，人们也很早就造出文字来记载它们。

　　甲骨文是目前发现的最早的比较成熟的汉字，它产生的时间大约是在距今3000多年的殷商时代。在已经识别确认的一千多个甲骨文字中，就有"蚕""桑""丝"等字。我们就通过这几个字和一些与丝绸相关的词语来体会一下汉字文化的博大精深吧。

蚕
甲骨文

　　"蚕"字一看就是蚕宝宝的象形，我们可以清楚地看到它的头、躯干，以及背部的花纹，形态十分逼真。在同时期的一些青铜器物上，我们还发现了将蚕背上的花纹夸张放大的抽象蚕纹。

　　"桑"字的下面是木，上面描画了许多树枝。在甲骨文里，"桑"字频繁出现，表示桑林和采桑，以及一些地名。古人用甲骨来占卜吉凶，其中就包括向上天询问蚕事或者祭祀蚕神。

桑
甲骨文

甲骨文

刻在龟甲和兽骨上的古老文字。目前出土的甲骨文骨片已经超过 15 万片，发现的单字 约 5000 个。2017 年甲骨文成功入选联合国教科文组织世界记忆名录。

"丝"字看起来就像两捆蚕丝，表示的是从蚕茧抽下来的生丝。在最早的字典《说文解字》中，丝的意思是"蚕所吐也"。

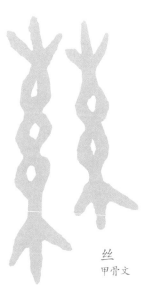

丝
甲骨文

"帛"字是上下结构，有人说上面的"白"字形象就代表蚕茧，中间的一横就指代蚕蛹破茧而出，它的发音"bó"就是破茧那一刻的拟声。下面的"巾"，形象描绘了梭子穿过织机的过程。对于"帛"字，有人说是丝织品的总称，也有人认为 bó（伯）是大的意思，指顶级丝织品。

帛
甲骨文

"纸"字为什么也是绞丝旁呢？因为我们现在的纸张大多是用植物纤维制成的。可是在古代，除了我们熟知的竹简外，古人还用过一种丝织品来写字画画，它就是用蚕丝做成的。

纸
小篆

此外，我们常用的许多词语、成语也都和桑蚕丝织有关。

你如果仔细观察过蚕宝宝进食的样子，那就一定会深刻理解"蚕食"是什么样子。它们往往从一个点开始啃食桑叶，速度很快，一会儿就啃出一个大洞或者啃掉一大块了。"鲸吞"就是鲸鱼吞食物的样子，只要一大口，什么都进入嘴里了。现在用这个词比喻以各种方式侵占、吞并别国的领土。

用来形容丝线非常之多，彼此之间存在非常复杂的联系。如果想要织一块漂亮的锦缎_{duàn}，那真的要用很多经线和纬线进行细致地穿插，要费一番功夫的。

这是纺织最基本的结构，一条经线（纵线）和一条纬线（横线）相交，就是交织。后来，我们采用经纬度指示道路、标注位置。

"绩"最初的含义是把麻搓捻（niǎn）成线或者绳，而"成绩"的含义就是制成了的麻线。经过引申，就成为取得成功的业绩或者成就了。

汉字非常形象，汉语言文化博大精深，很多字、词都是从实际生活中来的，非常有趣。知道了原义，我们就可以更准确地理解词语，并且用到自己的说话和作文当中，提高表达能力。

汉字"蚕""桑"最早出现在哪种古代文字中？

你能选出正确的答案吗？请在正确的答案后面打"✓"。

甲骨文

金文

石鼓文

答案在第 20 页

最早的丝织品

除了那半个茧壳，我们在新石器文化的许多遗址中也发现了刻有蚕纹样的器物，比如浙江余姚河姆渡遗址出土的蚕纹牙雕小盅（zhōng）。后来，考古学家又挖掘出了许多玉蚕，它们的造型栩（xǔ）栩如生。我们的祖先对蚕的观察十分细致，这也说明他们很早就开始驯化野蚕了。

另外，考古学家也发现了陶制或石制的纺轮、纺锤等纺织工具。不过，这些都只是人们从事丝织生产的间接证据，只有丝织品本身才是最有力的直接证据。那么丝绸的起源究竟在哪里，最早的丝织品又是什么呢？

1958 年，考古学家在浙江湖州对钱山漾（yàng）遗址进行考古发掘，它属于新石器时期的良渚（zhǔ）文化。在出土的一个竹筐里，考古学家发现了一些珍贵的纺织品。可惜的是，这当中的织物大部分已经完全碳化了，一碰就碎。这是长期埋藏在地下发

钱山漾遗址
中国长江下游以新石器时代良渚文化为主的遗址，位于浙江省湖州市南 7 千米的钱山漾东南岸。于 1934 年被发现。

良渚文化
中国新石器时代末期文化。以浙江杭州余杭区良渚遗址命名。主要分布在太湖地区。年代约为公元前 3300 ~ 前 2000 年。

钱山漾遗址

生的自然变化。

　　经过鉴定，这块织物中的部分纤维是麻，还有一部分是丝，其中丝的部分有绢片、丝线和丝带。考古学家分析，这块织物是由经线和纬线交织而成的，丝线和丝带还保留了蚕丝特有的一点儿韧性。经过断代科学测定，这块丝织品的制作年代在公元前 2750 年左右，距今近 5000 年了。

　　谜底终于揭开，它确实是用家蚕所产的蚕丝织成的，也是迄今为止世界上发现的最早的蚕丝品，所以钱山漾遗址被称为"世界丝绸之源"。这块远古的织物和现代纺织生产的真丝制品相比，在蚕丝直径、经纬线密度等指标上毫不逊色，这让我们不得不为先民的高超技艺感到惊叹！

1983 年，考古学家在河南荥阳的青台遗址又发掘出一些丝绸残痕，这证明了黄河流域也很早就出现了蚕丝纺织技术，或许比钱山漾遗址更早一些。

不管怎样，现有的考古研究都说明了至少在公元前 3000 年以前，中国已经有了比较成熟的丝织技艺。这并不仅仅是简单的纺织技术，还包括了种桑、养蚕、缫丝等完整流程。

从西阴村的半个茧壳开始，越来越多的出土织物展示了古代中国高度发达的丝织技艺。这些考古发现增强了我们的文化自信，也是对世界丝绸历史的重要贡献。

22

问

最早的丝织品是什么时候被发现的?

你能选出正确的答案吗? 请在正确的答案后面打"✓".

答① 1978 年 ☐

答② 1958 年 ☐

答③ 1908 年 ☐

答案在第 24 页

原始织机的模样

丝绸织造的历史漫长而有趣。即便是目前发现的最早的织物，也根本不像是刚刚掌握织造技艺的习作，所以我们有理由推测织造的历史起源会比发现的文物揭示的年代更早。这些深藏于地下的丝织品，每一件都让人惊叹，每一件背后也都有一个精彩的故事。

这些精美的丝绸是怎么织造出来的呢？这个问题带出了织造技艺中的关键设备——织机。在能工巧匠的操作下，织机让天然的蚕丝变成了华丽的丝绸。

从桑蚕到丝绸的生产过程，蕴含着古人的聪明才智，这正是传统桑蚕丝织技艺入选非物质文化遗产的意义。我们不仅要去了解工匠织造的过程，还要重视养蚕、栽桑和制造机器，这些都是传统桑蚕丝织技艺的一部分。

最早的织机是什么样的，它又是怎么工作的呢？

结合考古发掘和一些地方现存的织机，丝绸研究专家复原了最初的织机，把它叫作"原始腰机"。

大自然是我们人类的第一任老师。古人首先是通过观察自然的网状物，学会了经纬成面的基本编织原理。

在制造工具水平落后的原始社会，人们最先熟悉并使用的工具，就是人体本身了。我们的双手、双脚、躯干都是最直接最好用的工具。古人就是利用人体的自然结构，创造出了原始织机的框架。

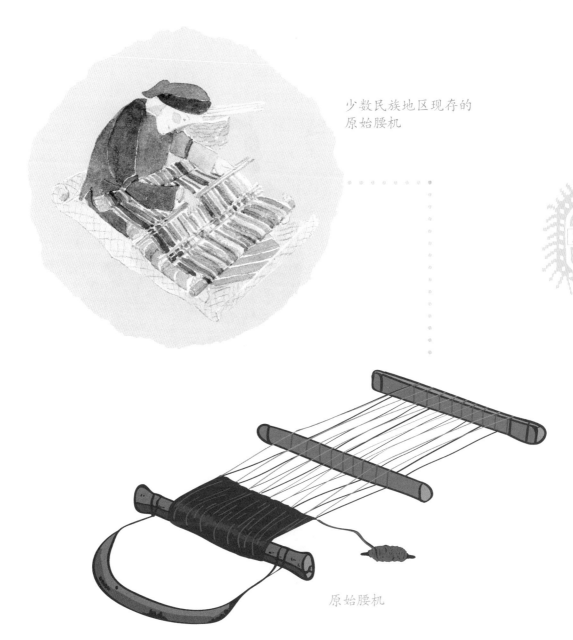

少数民族地区现存的
原始腰机

原始腰机

1

用双脚蹬住一根横放的木头，作为经线轴。

2

再将另一根木头卡在肚子上，并且用皮绳绑在腰间，形成卷布的轴。

3

有了这两根固定的轴，就可以在中间穿上经线。这些经线通过分经棍被分成上下两层，它们之间形成了自然的开口，这个口就是用来穿纬线的。

④

纬线绑在梭子上这样来
回穿梭，就是我们常见的织
造的最基本动作。

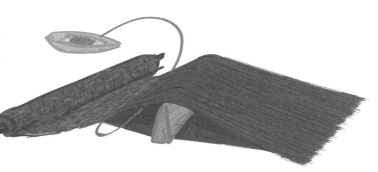

⑤

每穿过一次纬线，经
线的上下两层的位置都要
经综杆的提降调换一次。

⑥

每次穿梭过后要使用
打纬刀把纬线打紧，这样
才能织成密实的丝绸。

仅凭简单的语言描述，你也许还是不能真正地了解织造的过程。有机会不妨亲自去看看织造的现场展示，说不定你就会喜欢上这项古老的技术呢。

在掌握基本的织造方法以后，随着生产水平的提高，人们不满足于简单的衣服，还想有漂亮的衣服。这样，人们也就不断地改革创新织机和织造方法，向着织造复杂图案的方向发展。

在织机发展的历史上，有一些工匠留下了名字，像陈宝光妻、马钧等，但是更多的普通工匠并没有留下名字。他们同样是重要的传承人，推动了丝织技艺的进步，同样是值得我们尊敬的人。因为有了他们，我们才有了越来越多令人惊艳的丝绸国宝。

 问

你能简单描述一下原始织机的织造方法吗？

你能写出答案来吗？

 答

 陈宝光妻

西汉昭帝、宣帝时人，女，姓名、生卒年不详。善织绫。曾创造了一部提花机，能编织精美的蒲桃锦和散花绫。

 马钧

三国时期魏国扶风（今陕西省兴平市）人，生卒年不详。伟大的机械制造专家，曾获"天下之名巧"的誉称。他发明了新式织绫机，令生产效率大大提高。

28

素纱禪衣传奇

    在考古发现的众多珍贵丝织品中，有一件重要的文物不能不提，那就是举世闻名的马王堆素纱禪^{dān}衣。

    1972 年，考古学家从湖南省长沙市的马王堆汉墓中发掘出许多珍贵文物，其中有不少丝织物。这座墓的主人是西汉时期长沙国的利苍丞相以及他的妻儿。利苍早年曾经跟随汉高祖刘邦参加过灭秦战争，汉朝初年他就升任丞相，官职很高。出土的随葬品价值连城，200 多件丝织品构成一座地下丝绸宝库，充分显示出汉代丝织技艺的高度发达。其中最耀^{yào}眼夺目的当属素纱禪衣了。

素纱禪衣

素纱禅衣一共出土了两件，都是利苍的妻子辛追的，可惜其中一件后来被毁了。素纱禅衣使用的材料是纱。纱的特点是单经和单纬交织，表面均匀布满细小的孔眼，只能漏过沙粒。禅就是单衣，指没有里子的衣服。

衣服总重量49克，如果去除领口和袖口使用的绒圈锦，只有30克，可以用"薄如蝉翼""轻若烟雾"来形容。令人难以置信的是，它竟然能被装进一个火柴盒里！

素纱禅衣的平均经纬密度大约是每厘米62根，纱料每平方米重量仅15.4克，可见当时的蚕丝纤维是多么的细，纺织技术又是多么的高超。这也让这件素纱禅衣被认为是世界上最轻的素纱禅衣和最早的印花织物。

这么轻薄的衣服，辛追是怎么穿的呢？有人分析，她是套在锦服的外面。锦服色彩艳丽的图案可以透过禅衣显示出来，衬托出她的贵族气质。

素纱禅衣出土后，因担心它碳化被毁，人们希望能够复制出一件，原本并不算复杂的织造方法却难坏了现代的工匠们。他们试验了许多次，虽然纹样基本一致，可是复制品的重量都超过了80克，这令他们百思不得其解。后来，他们找到蚕学专家才破解了这个难题。

马王堆出土的
丝织物上的图案

原来，现代的蚕丝比古代的蚕丝要粗一些，用现代的蚕丝织造出来的衣服肯定会更重一些。可是，工匠们也没有办法用古代的蚕丝来织啊！几经试验，专家发现，蚕丝的粗细与蚕的眠性有关。我们在前面讲到过蚕会休眠，蚕休眠的次数不仅会影响它体型的大小，也会影响它吐出的丝的粗

马王堆出土的丝织物上的图案

细。最后，依靠药物来减少蚕的眠性，工匠们获得了更细、韧性更强的蚕丝，终于做成了一件素纱禅衣的复制品，完成了这项几乎不可能完成的任务。

这件复制品的重量为49.5克，还是比真正的文物重了0.5克。此时距离开始制作这件复制品，已过去了13年！

如果将这件素纱禅衣折叠成几十层，可以把它变得只有一枚邮票大小。将它放在报纸上，还可以清晰地看到下面的字，这是丝绸史上的重要创造。

 问

为什么古人可以造出这么精美的衣服？

你能写出答案来吗？

 答

丝绸品种非常丰富，通常所说的"绫罗绸缎"只是其中的代表，用来泛指各类丝织品。古代织物主要是通过区别组织、纹样和颜色等方法来分类的。现在的丝织品一般通用"十四大类"来区分，这是根据组织、原料、加工工艺、质地、外观等进行划分的方法。本书将详细介绍的有绫、绢、罗、纱、绸、缎、锦七种，另外七种是纺、绨(tí)、葛(gě)、呢(ní)、绒、绡(xiāo)、绉(zhòu)。

纹样的世界

人类很早就学会了在丝织品上用纹样进行装饰。纹样形成的美丽图案有的是通过绘画，有的是通过刺绣，有的是通过印染的方式出现在丝织品上的，还有很多图案是在织造过程中直接完成制作的，这就是提花。在提花中，越复杂和越精美的图案，就越需要细致的构思和经纬组合。

说到丝织品的纹样，那真是种类丰富，意象万千。你仔细观察过中国传统服饰上的图案吗？每一个纹样可能都有自己的名字，每一种图案也都有吉祥的含义，出现在服饰上的图案也有漫长的历史演变过程。

不知道你在看电视剧的时候，有没有注意到古代官员官服的差别。在明清官员的官服上有一块纹样叫"补子"，它代表着官位的等级。不同级别的官服，补子上面的图案是不同的，文武官员的图案也不一样，一般文官用禽鸟图案，武官用猛兽图案。

纹样的世界多姿多彩，需要

刺绣
用针线在织物上绣制各种装饰图案的民间手工艺术。

印染
利用矿物、植物及动物等天然染料对纺织物进行染色，在中国已有很长的历史。

提花
纺织物以经线、纬线交错组成的凹凸花纹。纺织品类别众多，提花面料为其中一大类别。

一品文官仙鹤补子

二品文官锦鸡补子

三品文官孔雀补子

四品文官云雁补子

五品文官白鹇补子

你留心观察。这里我们就简单说说在中国传统文化中寓意吉祥的图案吧。

吉祥是中国人自古以来的追求，也是艺术创作的重要主题。人们乐于把寓意吉祥的图案装饰到生活的各个方面，服饰也不例外。那么，中国传统的吉祥图案都有哪些呢？

首先是一些动物，比如龙、凤、麒麟这些神兽都是祥瑞的象征。鹿与"禄"谐音，猴与"侯"谐音，也都有富贵的寓意。

其次还有植物、文字和几何图案。

在吉祥纹样中最常见的是"寿"字，它表达了人们祈求长寿的愿望。围绕长寿的主题，还形成了不少组合图案，比如松树和仙鹤组成的"松鹤延年"，五只蝙蝠环绕寿字组成的"五福捧寿"，佛手、桃子和石榴组成的"福寿三多"，等等。

除了长寿主题，还有童子、桂花、笙、莲花组成的"连生贵子"，谷穗、蜜蜂和灯笼组成的"五谷丰登"，戟、磬、鱼组成的"吉庆有余"。人们巧妙地运用汉语的谐音，设计出了许许多多的吉祥图案，表达了对美好生活的向

图案有广义和狭义之分。广义指为了对造型、色彩、纹饰进行工艺处理而根据事先设计的方案所制成的图样。狭义专指器物上的装饰纹样和色彩。纹样是装饰花纹的总称。一般分为单独纹样、适合纹样、角花纹样、边饰纹样、散点纹样、连续纹样等。

角花纹样　　　　散点纹样

边饰纹样

往。这些纹样用在婚礼和寿宴的场合是再合适不过的了。

富含中国人智慧的纹样，把形象和寓意完美地融合在一起，展现了中国人的审美。带有纹样的华丽服饰就这样承载着传统文化和工匠精神，一代代传承下来。

在了解了桑蚕丝织的生产与装饰过程后，让我们一起踏上浏览中国"四大名锦"和各具特色的丝绸品类的旅程吧！

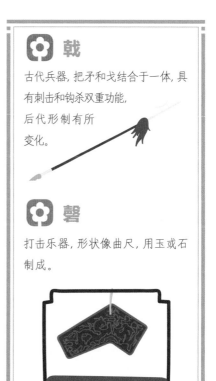

戟

古代兵器，把矛和戈结合于一体，具有刺击和钩杀双重功能，后代形制有所变化。

磬

打击乐器，形状像曲尺，用玉或石制成。

 问

人们为什么要在服饰上织造各式各样的图案？

你能写出答案来吗？

 答

2 技艺篇

丝织技艺
遍天下

　　丝织技艺源远流长，遍及我国的大部分地区，凡是栽桑养蚕之处，就有丝织文化，特别是长江流域更为繁盛。"四大名锦"（蜀锦、宋锦、云锦、壮锦）和杭罗、绫绢、丝绵等一直是传统丝织技艺的象征和杰出代表，而缂丝、刺绣、染缬等相关技艺又为丝绸图案增光添彩。它们共同构成了博大精深、巧夺天工的中华丝绸文化。

"寸锦寸金"的蜀锦

第一站，我们先来看看历史最悠久的蜀锦。

唐朝的大诗人李白写过一首叫《蜀道难》的诗，诗中描述了从长安到成都道路的崎岖和难走。长诗前部即有"蚕丛及鱼凫(fú)，开国何茫然"之句，意思是说，传说中是蚕丛和鱼凫建立了蜀国，这件事情距今年代久远，现在很难想象那时的样子。这里提到的蚕丛既是大名鼎鼎的蜀王，也是传说中的另一位蚕神。

史书记载，蚕丛的长相非常奇特，他的眼睛直竖着，像螃蟹一样向前突出，头发在脑后面梳成"椎(zhuī)髻"，衣服的样式是衣襟向左侧开斜衩。正是他教会了蜀地人民种桑养蚕。传说蚕丛经常巡视郊外，教导蜀国人养蚕的方法。他培育了数十条金蚕，每年春天就把金蚕分发给蚕农，每户一条。得到金蚕的人家，蚕一定养得很好，会大获丰收。一个蚕季结束后，蚕农再把金蚕还

蜀锦

关于蜀锦最早的文字记载见于春秋秦国的惠文王年间。战国时期，蜀锦已成为重要的贸易品。它兴于秦汉，盛于唐宋，衰于明末，清代中晚期得以恢复。随着工业化的发展，于近代再次陷入危机。

椎髻

又称"椎结"，意为将头发结成椎形的髻，是我国古老的发式之一。

五星出东方利中国（非原图）

给蚕丛，年年如此。蚕农对蚕丛感恩不尽，就给他立庙祭祀。

蚕丛所到之处，大家夹道欢迎。因为他经常穿着青衣，所以人们也管他叫"青衣神"。

蜀地就是现在的四川地区，这里气候温和，适宜种桑养蚕，丝织业闻名全国。蜀锦是中国四大名锦之一，在春秋时代就有关于它的文字记载。到了汉代，成都已经有了专门管理织锦的官员——"锦官"，成都也因此被叫作"锦官城"。流经成都的河流因被用来洗濯蜀锦而叫作"锦江"，织锦工人居住的地方叫"锦里"，成都是名副其实的锦城。蜀锦兴盛于汉唐，并通过西南丝绸之路销往海外。

蜀锦的主要品种有十样锦。据说汉朝张骞出使西域时，丝路古国商贩特别偏爱十样锦。我们现在常说的"什锦"就是"十样锦"的简称，指的是各式各样花色或多种原料制成的东西组合在一起。

蜀锦的纹样十分丰富，除了图画锦，还有文字锦。在新疆和田尼雅遗址出土的国宝"五星出东方利中国"锦护膊(bó)就可能是蜀锦。

蜀锦的绚丽色彩源于织造所用的彩色蚕丝线，它们在各色天然染料中浸泡，晾干后也不会褪(tuì)色。织造完成后再到锦江中濯洗，又起到了脱胶和漂白的作用。被称为"寸锦寸金"的蜀锦是成都地域文化的标志，几经盛衰，时至今日依然需要得到人们更多的传承和保护。

你的家乡有哪种代表性的特产，它与人们的生活有怎样的关系？

你能写出答案来吗？

 尼雅遗址

汉晋时期精绝国故址，因位于尼雅河下游而得名。该遗址地处塔克拉玛干大沙漠的腹心地区，以佛塔为中心，呈带状南北延伸25公里，东西最宽达7公里。在该遗址中除发现很多房屋以外，还有多处遗迹，如佛塔、古桥、墓地、果树园、寺院、手工作坊、家畜饲养舍、田地、林荫路等。该遗址出土了大量的文物，特别是大量的写有多种文字的木简、木牍，这个发现震惊了世界。

宋锦的千年魅力

顾名思义，宋锦就是宋代的织锦。它最初的织造工艺源于蜀锦，在唐代得到革新和发展，最终于宋代形成了自己的风格。

现在，宋锦并不仅仅指当时留下的织锦，还包括宋代之后明清的同类织锦，广义上都叫作"宋式锦"或者"仿古宋锦"。因为产地主要在苏州，所以一般也称为苏州宋锦。

由于北方游牧民族入侵，宋朝的都城从北方的应天府（今河南商丘）迁到了南方的临安（今浙江杭州）。随着政治和经济中心南移，江南地区变得更加富饶，也逐渐成为丝织业的中心。宋锦就在这样的背景下出现了。

苏州过去被称作"姑苏"，是闻名天下的丝绸古都。当时，宋高宗极力推广织锦技艺，在苏州设立了织锦院，专门管理锦缎织造。就这样，宋锦自然而然地繁荣起来了。宋锦不仅用来制作

苏州宋锦

苏州宋锦的历史可追溯至春秋时期，地处江南的吴国贵族当时已经在生活中大量使用织锦。到了宋代，宋锦取代了秦汉时期的经锦、隋唐时期的纬锦，并在元、明、清得以蓬勃发展。

装裱

装饰书画类、碑帖等的一门特殊技艺，是用纸或丝织物把书、画等衬托粘糊起来。

服饰，也用于装裱书画。
biǎo ⬡

　　说起宋锦，或者说锦这类丝织品，它的织造工艺是非常复杂的。宋锦的图案以几何纹样为主，比较精致和高雅，色泽华丽但是又不过于明亮。根据工艺、用料和厚薄，可分为大锦、合锦和小锦。

　　大锦常常用来装裱名贵字画，其中的重锦更会用到含有真金的丝线来显示富丽堂皇。故宫博物院里就珍藏着这样一件极品宋锦——"石青地极乐世界织成锦图轴"，它是乾隆皇帝送给母亲的礼物。

石青地极乐世界
织成锦图轴

合锦，是真丝和纱线的混合产品，也多用于书画装裱。

小锦主要用来制作服饰，曾经也非常流行。

我们不用再回到遥远的古代寻找更多珍贵的织锦文物去彰显宋锦的魅力。就在 2014 年北京举行的 APEC（亚太经济合作组织）会议上，各国领导人所穿的中国特色服装的面料就是宋锦，这是中国气派的体现。

中国传统服饰面料种类繁多，为什么单单选择宋锦呢？据设计师介绍，这是因为宋锦平整挺括，又具有哑光的特点，适合这样一个隆重的场合，而且它的图纹和谐，繁而不乱，能够完美地展现东方古国的古雅韵味和贵而不显的气质。这次宋锦的成功应用展示了传统文化的当代价值，非物质文化遗产需要这样的活态保护和传承。

问

宋锦的主要产地是?

你能选出正确的答案吗? 请在正确的答案后面打"√".

答❶ 北京 ☐

答❷ 成都 ☐

答❸ 苏州 ☐

答案在第 46 页

皇家御用云锦

有一种锦缎像天上的云霞一样绚烂，它就是云锦。

据说在东晋末年，将军刘裕灭后秦之后，将后秦的都城长安的各种工匠全部迁移到了建康，就是现在的南京。南京的丝织业因此得到了快速发展，并逐渐形成了今天的南京云锦。

云锦

据史料记载，东晋末年，南京就有了专门生产织锦的机构斗场锦署。北宋南迁后，南京成为中国的丝织中心之一。南京云锦织金饰约始于元代，彩色妆花织金饰则盛于明清两代。

云锦以华贵著称，经常使用金子来装饰，用料、做工非常考究，因而历来用于制作帝王龙袍和皇家服饰。其贵重考究与它复杂的织造技艺有关。制作云锦用的大花楼木织机体型庞大，使用时要两人配合操作，程序十分繁复。从数据上看，一架大花楼木织机长5.6米、宽1.4米、高4米，由1924个构件组成——单是认清这些零件就要好长时间呢。

不过，聪明的工匠还是熟练地掌握了这项技艺，让它名扬四海。作为织锦技艺和皇家织造工艺的代表，2009年，南京云锦织造技艺和中国传统桑蚕丝织技艺一道被列入联合国教科文组织人类非物质文化遗产代表作名录。

虽然一直以高端织物示人，云锦的织造过程却依然保留了民间手工艺的传统风俗。比如其中有一个规矩叫作"三花"，就是在三个日子要去看三种花——谷雨时节去龙潭看金边牡丹，七月七去古陵岗看海棠，重阳节去北极阁看菊花。

为什么工匠们这么注重看花呢？因为云锦的工匠所织造的锦缎图案都取材于自然，要靠他们亲自去观察真花的样态和颜色，以此进行艺术上的创作。

关于金边牡丹还有一个民间传说。

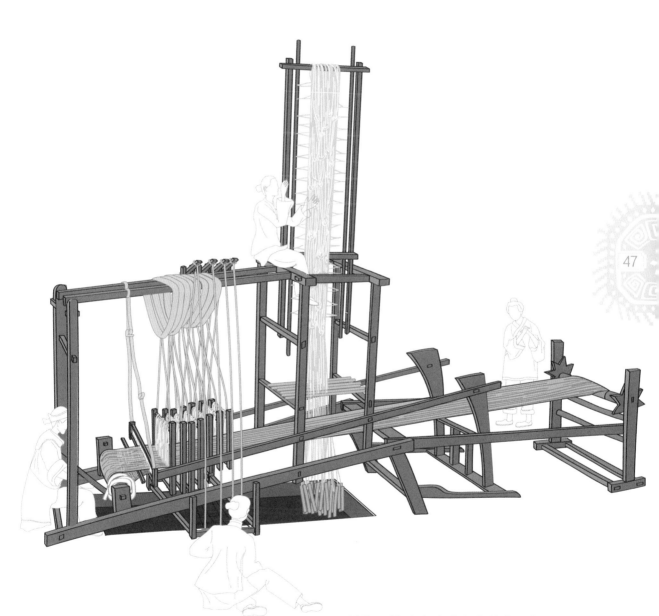

制作云锦时使用的大花楼木织机

金边牡丹的故事

很久以前，在龙潭住着母子二人，他们非常善良，儿子是织锦的工匠。有一天，妈妈正在院里洗衣服，突然看见一只小鹿闯进院子，扑通一下就给她跪下了。妈妈正感觉奇怪，忽听见外面人喊马嘶。她赶忙把小鹿带到旁边的柴房，刚转身出来就听见敲门声，原来是猎人循着小鹿的踪迹追了过来。妈妈并没有把看见小鹿的事情说出去，猎人也只得再去别处寻找。

小鹿得救后，就跑了出去，可没过一会儿，又回来了，这回它嘴里衔着一株枯枝牡丹。它把牡丹放在了妈妈脚边，意思是让她种下。虽然这株牡丹已经枯萎了，但妈妈还是把它种在了院子里。奇迹出现了！三天以后，院子里竟然开出了一朵大

大的金边牡丹，比普通的牡丹要艳丽百倍，特别是花瓣上镶嵌的金边，更是世间少有。

妈妈和儿子都欢喜得不得了。儿子见这朵牡丹如此奇特，就想把它织在云锦上，于是他仔细地临摹思考，画出花样，反复修改，做成花本，终于在云锦上完成了一幅美丽的图案。这下可让其他的工匠都惊呆了，这么好看的牡丹真是稀奇。儿子也不隐瞒，就跟大家说了金边牡丹的故事，人们争相到他家去观赏牡丹。

一传十，十传百，这件事被皇帝知道了，这样的稀世珍宝自然要被他"没收"，金边牡丹被官兵连根挖走。可是这株牡丹到了御花园就变成了普通的牡丹，金边也消失了。更神奇的是，那对母子的小院子里又冒出了一株新的金边牡丹。

后来，制作云锦的工匠懂得了一个道理：要想织出漂亮的花样，就得亲自去大自然中观察。离开了生活，任何艺术都不会有长久的生命力。

问
皇帝的龙袍为什么要选择用云锦织造呢？

你能写出答案来吗？

答

壮锦的传说

壮族是我们国家除汉族之外人口最多的民族，有超过一千六百万人，主要居住在广西壮族自治区。壮族有自己的语言和文字。在壮语里，"壮锦"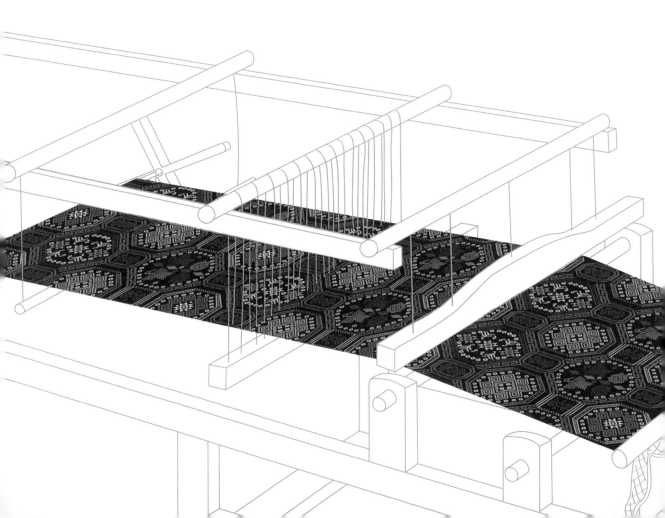的意思是"盖住天"，

壮锦

壮锦历史悠久，壮族先民在汉代织出的斑布就是其前身。壮锦技艺形成于唐宋时期，明清时期进一步发展，在明代被列为贡品。清末民初，壮锦开始衰落。历经千余年发展而成的壮锦有自成体系的三大种类、二十多个品种和五十多种图案，以结实耐用、技艺精巧、图案别致、装饰精美著称。

也就是"天的被子"，从名字的含义就知道壮锦是美丽和尊贵的象征。壮锦是以棉纱为经线，蚕丝为纬线，先染色再提花织造而成的锦类织物。

关于壮锦的民间传说有很多。据说，宋朝时有个叫达尼妹的壮族姑娘，她是一位人人夸赞的织女，手艺好而且爱思考，创造出了很多漂亮的纹样。

有一天，达尼妹坐在墙角思考新的织法时，看到一只蜘蛛正在结网，她仔细观察蜘蛛网的结构，就这样看了一天一夜，但还是没有产生新的灵感。天亮了，正当她起身要离开的时候，一抹朝霞刚好照到蜘蛛网上，蜘蛛网在霞光的照耀下闪烁着缤纷的色彩，绚丽夺目。这个场景实在太美了！达尼妹沉浸在这样的景色中，忽然有了灵感，于是她赶紧记下，迅速仿制出一款新的锦缎，其他织女争先恐后地来向达尼妹学习。

这个传说告诉我们，无论做什么事都要勤于观察、思考。只要你足够努力和坚持，就一定会得到启发，实现自己的愿望。

聪明勤劳的壮族人很早就学会了织造锦缎的技术，这项技艺世代传承，形成代表民族风格的壮锦。壮锦是我国"四大名锦"之一，以几何纹样为主，也有其他风格的图案，在配色方面尤其具有鲜明的民族特征。除了壮族以外，我国许多少数民族都有自己的传统纺织技艺。

问

下列织锦中哪一种源自少数民族？

你能选出正确的答案吗？请在正确的答案后面打"√"．

答① 云锦 ☐

答② 蜀锦 ☐

答③ 壮锦 ☐

答案在第 54 页

轻薄如杭罗

有这样一种丝绸，它轻薄透气，夏天穿上既凉爽又舒适，这就是"罗"，绫罗绸缎中的罗。在罗中最著名的是杭州生产的杭罗，它与苏缎、云锦被称为"中国东南地区的三大丝绸名产"。罗没有绞丝旁，是不是显得格外与众不同？不仅名字的写法有特点，就连它的织法也是独一无二的。因为它的织造方法十分独特，所以会形成规则的小孔和花纹，常常被用来做内衣、蚊帐等。

罗可以分成素罗和纹罗，前者是没有花纹的，后者是有花纹的。素罗呢，又可以分为二经绞罗和四经绞罗，它们也采用了多根经线与纬线相交的非常复杂的织造技艺。

说到罗轻薄透气的特性，历史上有这样一个故事。

三国年间，吴国的君主孙权有位妻子姓赵，人称赵夫人。这位赵夫人十分了得，据说长相并不算漂

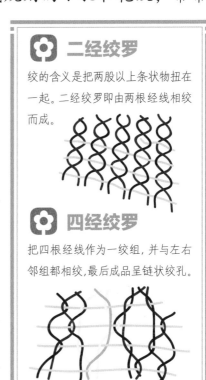

二经绞罗

绞的含义是把两股以上条状物扭在一起。二经绞罗即由两根经线相绞而成。

四经绞罗

把四根经线作为一绞组，并与左右邻组都相绞，最后成品呈链状绞孔。

亮，但有一手好手艺，人称"三绝"——机绝、针绝、丝绝。

"机绝"是说她能够用彩丝在织机上织成云霞龙蛇的锦缎。她织成的锦缎，大的能有一尺长，小的仅有一寸宽，这样的技艺在当时非常厉害。

"针绝"是说她善于刺绣。孙权曾经想找画师来绘制军事地图，但是赵夫人认为笔墨的色彩不易长久保存，还是刺绣更好，于是她就绣了一幅，上面的城池、山河、行军布阵都极为精巧细致。

最后的"丝绝"就说到了罗。吴国在江南，夏天炎热，酷暑难当，还有蚊虫滋扰。

赵夫人心疼丈夫日夜为国事操劳，不能得到很好的休息。她觉得现有的帷帐还不够好，于是，她削下一绺长发，再剖成肉眼难见的细丝，然后以神奇的胶水黏合，用了几个月的时间亲自织造罗縠（hú），再剪裁成帷幔（màn）。

这件帷幔随风飘摇，好像是烟雾一般，让人感觉房间顿时清凉了许多。另外，它薄得让人几乎感觉不到它的存在。孙权非常喜欢，每次行军打仗都要带着这顶帷幔。它打开能有一丈宽，卷起来则小到可以塞进枕头中。这和我们之前讲的素纱禅衣有很多相似的地方。

这个故事用略带夸张的手法描述了赵夫人的心灵手巧，也从侧面告诉了我们罗的重要特性和用途。

杭罗的织造技艺复杂且独特，至少需要花费七年以上的

杭罗的织造技艺

杭罗的织造技艺包括原料蚕丝拣选、浸泡、晾干、翻丝、纤经、摇纡（yū）、织造、精练、染色、绣花、成衣等工序。用来织罗的蚕丝必须经过精挑细选，它的均匀度、强度和韧性都必须达到很高的要求。织造杭罗要用到专门的罗织机。织成的粗料先挂在机筒中脱胶，经清水漂洗成半成品，最后染色晾干。

问

杭罗织造技艺传承很难，对此你有什么思考？

 你能写出答案来吗？

答

时间经过刻苦努力才能学成。在工业化浪潮的冲击之下，由于杭罗织造费工费时，工匠又秉承了精益求精的古法织造要求，所以杭罗织造技艺一度到了濒临失传的境地。唯一坚持采用这种传统技艺开展生产的杭州福兴丝绸厂曾经面临停产，但在一代代传承人的坚守下，这家丝绸厂熬过了最艰难的时期。随着杭罗织造技艺这项非物质文化遗产被大家认知和喜爱，古老的技艺也将会有更好的未来。

绫绢的故事

绫绢是绫和绢的合称，是两种密不可分的织物，人们常说"花者为绫，素者为绢"。

浙江省湖州市双林镇出产的绫绢历史悠久，东晋时就有记载，唐代时成为贡品，到了南宋时期就已经远销海外，明代时最为盛行。双林绫绢的织造要经过浸泡、翻丝、纤经、

放纤、织造、炼染、砑光、整理等二十多道工序。

在双林出产的绫绢中，双龙倪绫是一个重要品种，关于它还有一个真实的故事。

双龙倪绫的故事

古时候，双林镇东边住着姓倪的一家人。他们世世代代以蚕丝织造为生，双龙倪绫就是他们家最有名的产品。为了防止这项独门绝技被别人学会，倪家定下一个规矩：这门技术只能传给媳妇，不能传给女儿。因为女儿是要出嫁的，嫁出去手艺也就传到别家了。当时人们并没有知识产权的概念，所以对技艺传承的观念还很保守，以家庭或小作坊为单位的传承都会讲究这些规矩，我们现在把这些规矩叫作传承谱系。当时的人们觉得，只有这样才能保证手艺的正宗和传统。

到了清朝的同治年间，倪家这一辈没有儿子，只有一个独生女儿，叫作倪梅英。这个女孩从小聪明伶俐，跟着母亲边看边学，一起织造。虽然有古训手艺不能传给女儿，但是因为只有这么一个女儿，如果不传给她的话，这门绝技就要失传了。出于无奈，母亲还是决定破一次例，把双龙倪绫的织造技艺毫无保留地传给她。小梅英很开心，学得也很努力，很快就掌握了这门祖传的技艺。

后来，梅英出嫁到了邻村倪家滩的王家。这个村子人多田少，大家靠着织造才能维持生活，只是技艺一般，织出的丝绸卖不上好价钱，只能勉强度日。梅英非常着急，想帮助大家提高织造水平，但是她也很纠结，因为母亲给她讲过祖训，这项手艺是不能传给外人的。如果大家都能和倪家一样织出漂亮的绫绢，就可以解决生活问题，日子也会富裕起来，可这样做就会违背祖训。怎么办呢？思考再三，她终于拿定了主意，决心将祖传的手艺和大家共享。她相信，这是一件天大的好事，既扩大了双龙倪绫的知名度，增加了产量，也能解决倪家滩一村人的生活问题。她相信做善事祖先也不会怪罪她的。

于是，她开始教大家织造双龙倪绫，很快这门技艺就传播到周围的村落，老百姓的日子越过越好。双龙倪绫的名气也得以远播，受到了更多人的喜爱。

绫绢现在主要用于书画装裱。因为中国传统的书法和绘画主要写在或画在宣纸上，为了避免受潮和被虫咬，古人发明了用丝绸装裱的方法来保存书画。绫绢通常有着和宣纸一样的缩水率，用绫绢装裱后的书画不会因为气候、温度和湿度的变化而变得皱巴巴的。

 宣纸

安徽泾县出产的一种高级纸张，用于写毛笔字和画国画。因泾县在唐代属宣州，所以叫"宣纸"。

 为什么绫绢经常被用于书画装裱？

你能写出答案来吗？

巧用废茧做丝绵

　　蚕茧上的丝除了抽出来纺成丝线，还可以怎么利用呢？古人早就有了办法——把丝制成丝绵，所以丝绵的"绵"是绞丝旁。我们现在熟悉的棉花的"棉"是木字旁，"棉"字是从《宋书》起才开始出现的。棉花的原产地在印度和阿拉伯地区，是宋代以后才开始广泛传入内地的。

传说在很久很久以前，冬天非常寒冷，普通百姓都没有暖和的衣服过冬，孩子和大人都冻得瑟瑟发抖。有一户养蚕人家，妈妈不忍心看到一家人这样冻着，就想用什么办法可以给孩子穿得暖和点。

　　她在屋里寻找可以取暖的东西，突然发现墙角还有不少不能制作丝织锦的蚕茧。这些蚕茧有的是次品，有的是双宫茧（就是两个蚕宝宝吐丝吐到一个蚕茧里，都不能正常地抽出又长又细的丝了）。往常这些品质差的蚕茧都是不能用的，要扔掉。她就想，这些蚕茧能不能做成衣服保暖呢？

　　想到这里，她就把这些蚕茧收集起来。蚕茧的壳很硬也很难剥，要先在锅里煮一煮，再把外面的茧壳一个个剥下来。煮过的茧壳很软，像棉花一样，可以撕扯成很大的一片。她非常高兴，就这样把茧壳一个一个都扯开，晾干了以后塞到衣服里充当填充物，真的是又轻薄又保暖。

　　善良的她把这个好办法告诉了周围的邻居，大家也把品质差一些的蚕茧的茧壳煮过后撕开，再塞到衣服里取暖。这种新的材料就叫作"丝绵"。除了做衣服，还可以塞到被子里。因为比一般的棉花要好，所以丝绵后来也成为贡品。

丝绵中最有名的是浙江省杭州市余杭区的清水丝绵。那是谁最先发明的丝绵呢？说起来，它还是废物利用的结果。

清水丝绵之所以好，关键在于漂洗所用的水。蚕农经过长期的实践，总结出"水清则丝白，水重则丝韧"的经验，所以漂洗蚕茧一定要用好水。在余杭狮子山有一个狮子池，这里的水清澈见底，漂出的丝绵特别洁白，所以，大家都到狮子池来漂洗蚕茧。

清水丝绵

制作清水丝绵包括选茧、煮茧、清水漂洗、剥茧做小兜、扯绵撑大兜、甩绵兜、晒干等七道工序。制作1斤丝绵需要用3斤干茧。

以前制作丝绵都是以家族为单位来进行的，族内各家互相帮忙，今天在你家，明天到我家。制作技艺大多以家庭内口传心授的方式世代相沿不绝。后来，随着丝绵成为重要商品，专门作坊也相应成立，就有了师徒传承。

丝绵具有保暖的特性，所以还有另外一个用途，就是打成绵线，纺成绵绸。随着人们用鸭绒、鹅绒制作保暖服装，丝绵慢慢地失去了市场，绵绸现在基本也没有了，而过去那种传统的生活方式也被慢慢取代了。

问

丝绵能够保暖的原理是什么？

你能写出答案来吗？

答

奇妙的缂丝工艺

你认识"缂"这个字吗，它与"刻"同音。"缂丝"代表了一项特殊的纺织技艺。据说这项技艺源自古代埃及和西亚地区的缂毛技艺。大约在西汉时期，缂毛技艺经由古代丝绸之路，从新疆传到了中原地区。后来，中国人利用蚕丝资源发展出了缂丝技术。到了宋代，缂丝就成了非常有名的丝织技术了。

我们知道，一般的丝绸织物是这样织造的，它们的经线和纬线都是完整的，经线和纬线一根一根交叉织造，图案由后来绘制或者刺绣而成。

缂丝制品呈现出来的最大特点是表面像用小刀刻画过一样，能看出细微的断痕形成的图案。如果你近距离观察过缂丝作品，就会明白我说得并不夸张。细碎的纬线如工笔画法一样精致，丝毫不比笔墨或针线逊色，能够把书画在丝织品中表现出来。

缂丝技艺究竟是怎样的技艺呢？它和一般的丝绸织造技艺有哪些不同？简单地说，缂丝的织造特色在于采用的方法

缂丝

缂丝织造技艺主要是使用古老的木机及若干竹制的梭子和拨子，经过"通经断纬"，将五彩的蚕丝线缂织成一幅色彩丰富、色阶齐备的织物。

是"通经断纬"，就是织造时经线都是一根根完整的，而纬线则是一段一段的。

正因如此，所以织造缂丝图案的方法比一般的织造方法更灵活。另外，它还有一个特点，就是能获得正反相同的图案，也就是说正反两面看起来都一样。

好多缂丝织造工匠都是颇有造诣的艺术家。历史上两位技艺超群、出类拔萃的缂丝大家都生活在南宋时期。一位是朱克柔，代表作是《莲塘乳鸭图》；另一位是沈子蕃，代表作是《梅鹊图》。这两位不仅缂丝技艺精湛，而且拥有非凡的绘画才能，否则是无法做到将缂丝技艺与绘画完美结合的。他们的作品多都取材于写生花鸟作品，不过他们的艺术风格有所不同。

可以说，缂丝这项技艺是对中国绘画传统的一种新的继承和应用。

观察缂丝作品，比较一下缂丝与绘制的图案的差别。

你能写出答案来吗？

辑里湖丝的来历

你知道哪里的蚕丝是世界闻名的吗？康熙皇帝的龙袍是用哪里的蚕丝来织造的？1851年在英国伦敦举办的首届世博会上，又是哪里的蚕丝一举夺得金、银大奖吗？

答案是同一个地方，这个地方就是辑里村，它位于浙江省湖州市南浔镇。"辑里"这个名字听起来有点拗口，其实它原名叫"七里村"。大名鼎鼎的辑里湖丝指的就是辑里村生产的蚕丝，也叫"七里丝"。

出产辑里湖丝的湖州地区，我们在前面的一些故事中也经常提到。湖州地区是我国最早养蚕织造的地区，湖丝早就声名远扬。而七里丝，也就是辑里湖丝，是到了明代中叶之后才逐渐脱颖而出的。由于打开了海内外的销路，最终"辑里湖丝"变成了湖丝的统称和优质蚕丝的代名词。辑里湖丝的价格比一般蚕丝要贵，原因除了蚕种好、水质好、技术好以外，还因为曾是皇家御用和名人推荐的产品。

　　作为出口的品牌，辑里湖丝还有个新名字，叫"辑里干经"。是不是被这几个名字绕糊涂了？没关系，听完下面的故事你就明白了。

辑里干经的故事

传说辑里村有一家人，男主人在生丝店打工，妻子在家纺织。一次，生丝店的老板让这家男主人从外地购买生丝并运回店里。当地运丝都是走水路。很不幸，归途中男主人搭乘的船遇到大风翻了，生丝也都泡在水里了。这下没办法交差了，这么多生丝他是赔不起的，怎么办呢？他只得把生丝捞起来，先回家和妻子想办法。他妻子是个聪明贤惠的女人，看见丈夫浑身湿漉漉地回来，就知道出事了。问明原因后，妻子边帮他烤衣服，边想办法。她想，蚕丝是不是也能烤呢？于是，妻子把浸湿的生丝一根一根拆开，重新缠绕在纺车上，一边摇一边烤火。没想到，奇迹出现了：这些生丝烤干后竟然比原来更加光洁柔韧了。

因此，老板不但没有怪罪男主人，还奖励了他。后来，这种把生丝浸水后烤干的方法传扬开来，街坊四邻纷纷效仿。他们的生意越做越好，辑里丝的名气也越来越大，成为国际大牌，并且有了个新名字，就是"辑里干经"。

问

你知道辑里湖丝最早曾获得哪个国际大奖？

你能选出正确的答案吗？请在正确的答案后面打"✓"。

 1915 年巴拿马太平洋万国博览会 ☐

 1851 年英国伦敦世界博览会 ☐

 1904 年美国圣路易斯世界博览会 ☐

 生丝

蚕茧经过缫丝加工制成的产品，因为没有经过精炼加工，故称为"生丝"。生丝可供织制绸缎、针织品以及工业和国防用品。

答案在第 68 页

女红刺绣

女红

同"女工"，旧时指女子所做的纺织、缝纫、刺绣等工作，是对女子进行家庭教育的重要内容。女红工艺也称为"萧zhī艺"，俗称"针线活"。从事这些活计的妇女叫"红女"或"工女"。

除了直接使用彩色蚕丝织造以外，刺绣也是让丝织品锦上添花的一项重要技艺。这种技艺出现的时间很早，考古学家在殷商时期出土的青铜器上就发现了刺绣的痕迹。手巧的绣娘们可以用五彩丝线在丝织品上，绣出各种各样的纹样。

刺绣的技法种类很多，形成了不同的风格，最有名的是根据地域划分的、被誉为四大名绣的苏绣、蜀绣、湘绣和粤绣yuè。刺绣也成为女红中女性必须掌握的一项手艺，这也是男耕女织gōng的传统社会的分工要求。女子如果不会刺绣或者做得不好是会被别人笑话的，甚至会嫁不出去。

回到刺绣本身，还有一个流派不能不说，那就是"顾绣"。它起源于明朝末年上海露香园的顾氏家族，在继承传统针法的基础上，又有符合时代审美的创新，成为一个独立的绣种。顾绣作品如中国画一样，以人物、山水、花鸟等为题材，针法细腻，栩栩如生，精妙传神，艺术价值很高。

任何一项技艺的发展都离不开代表性传承人的贡献，顾绣也是如此。韩希孟就是顾绣的代表性传承人之一。她是顾名世的孙媳妇、顾寿潜的妻子，具有很高的艺术修养，常以名画为题材，以针法仿笔法，绣艺精湛。明代的大书画家董其昌对她的评价很高，称她为"针圣"。

如果说韩希孟是古代刺绣人物的代表，那么沈寿就是近代刺绣的杰出人物，她让中国刺绣走向了世界舞台，得到了广泛的赞誉。她也是当代很多绣娘的偶像和榜样。

沈寿的经历充满了传奇色彩。她是苏州人，十几岁时就以刺绣闻名。在清光绪三十年的时候，她为慈禧太后的七十大寿献上的作品得到了肯定，慈禧为她亲笔题写了"福""寿"两个字。这样，原名沈云芝的她才改叫"沈寿"。1911年，她绣了一幅《意大利皇后爱丽娜像》，被作为国礼赠送给意大利。后来，她的另一幅作品《耶稣像》参加美国旧金山"巴拿马太平洋国际博览会"，获得了一等奖。她把中西方绘画的优点进行了融合，都加入到刺绣技艺中，她的创新绣法被称为"仿真绣"。

有关刺绣的故事数不胜数。刺绣既是丝织技艺的重要组成部分，也是一项独立的非物质文化遗产。

问

除了刺绣，女红技艺还有哪些？现代社会中男性和女性的分工有了哪些变化？

你能写出答案集吗？

答

染色的方法

    除了织造和刺绣，还有一种方法可以让丝绸变得五颜六色，那就是染色。在发明合成的化学染料之前，人们一直以自然界的植物和矿物作为色彩的来源。对它们进行处理后，就可以为丝绸染上各种颜色。

    这里我们介绍两种特别的染色植物，即红花和蓝草，用这两种有色植物可以染出红色和靛^{diàn}蓝的颜色。据说，中原地区最早并没有红花，它是张骞从西域带回来的。关于张骞凿^{qiān záo}空西域的故事，后面再细细地讲给你听。

    靛蓝呢，你可能不知道这个词，但一定听过"青出于蓝而胜于蓝"。以前，人们染蓝色的办法就是把蓝草剁碎后浸泡成染液。但是这个方法有一个问题：染剂如果不及时使用，靛质就会变成沉淀物，失去效用。后来，人们发现加入草木灰等物质能让靛质不那么容易沉淀，并且显现出更好的颜色，这样就有了"青出于蓝而胜于蓝"。现在这句话常被用来夸赞学生超过了老师。

    光有染色剂，没有合适的染色方法也是不行的。我们再说说"染"，看看防染印花纺织品是怎样染色的。

防染印花

先印花后染色的印花方法，即在织物上先印上某种能够防止底色染料或中间体上染的防染剂，然后再经过轧染，使印有防染剂的部分呈现花纹，达到防染的目的。

染，具体来说，就是我们用一种方法将要形成的图案花纹先遮挡住，当把织物全部浸入染料的时候，这些被遮挡住的部分就不会被染上颜色，其余部分染上颜色后，织物上就留下了我们想要的图案。

举个例子，我们画画的时候涂水彩，如果画面上原来有蜡笔痕迹，那么这些部位是很难上色的。染缬的原理与之类似。

在染缬的种类中就有一种是蜡染，将蜡点在织物上，被蜡点过的地方就不会被染色。这种方法主要在西南少数民族地区流行。古代的中原地区产蜡很少，所以会用一种含碱的东西来代替蜡，唐代曾经用过草木灰等，所以这种工艺也叫作"灰缬"。

蜡染的制作过程

① 将蜡融化

② 用蜡刀画出图案花纹

③

放入蜡缸中浸泡

④

将蜡好的布放入锅中煮，
直到蜡融化

蜡染实物效果

⑤

完成

常见的染缬种类还有绞缬，就是扎染，民间称为"撮花"。这种方法出现的时间最早。人们先把要染色的丝绸或折叠，或打结，或绑扎，或缝绞，再丢进染缸。经过这样处理，能形成带有图案的织品。

丝绸印花技术是将染料或者颜料以黏合剂搅拌后，用凸纹版或者镂空版将其直接印制在织物上显花的工艺。最早出土的凸版印花文物来自长沙马王堆汉墓。这种印花方法与秦汉时期印章的流行有关。镂空印花版采用的方法是将需要印制的纹样染料通过在花版的镂空部位上刮涂色浆，以在织物上显花。还有的织物采用了印花与绘画相结合的方法来提高生产效率。

 问

染色的方法中，很多做法是防止一些地方被染上颜色，你知道这采用的是什么思维方式吗？

你能写出答案来吗？

 答

扎染的制作过程

① 退浆

② 扎花

④ 拆花晾晒

③ 染色

再讲讲夹缬，它的特别之处是使用两块对称的雕刻有图案的花版，将丝绸夹在中间进行印染。这种工艺有点像我们的印刷技艺。它不仅能双面染色，而且可以一次进行多种颜色的印染，实现的办法就是在雕版的不同部位事先涂上不同的颜色，所以这也叫"多彩夹缬"。有的工匠将此工艺与绘画技艺相结合，在单色夹缬后用彩笔继续绘制。

和刺绣一样，染色也是丝织技艺中的一部分，它形成了一套独特的技艺体系和文化传承方式。制作丝绸织物流程中的技艺往往不是孤立存在的，这正是丝绸文化的整体性表现在。光是形成图案的方式就如此之多，何况它们还可以混合使用。

3 流布篇

丝绸之路
多传奇

谈起丝织技艺的传承和传播，自然离不开丝绸之路，可是你知道吗，丝绸之路不止一条，在漫长的历史发展过程中，陆上与海上的丝绸之路共同记录了文化交流与互鉴的历史。在东西方互相学习纺织技艺的过程中，还发生过许许多多让人拍案叫绝的精彩传奇。

凿空丝绸之路

    在英语里，"中国"被称为"China"，其中一种说法是因为中国的瓷器有名，而瓷器在英语里是"china"。那你知道古希腊人和罗马人管中国叫什么吗？——赛里斯（Seres），是丝或者蚕的意思。这是因为中国最早向西方古国出口丝绸。古代西方人并不知道纺织用的蚕丝是从哪里来的，误以为蚕丝长在树枝上，喷水之后变得柔软就成了丝线。还有的说蚕丝来自某种可怕的动物，丝就在它的肚子里，只能等到它撑破肚皮，才能取到丝。这些说法充满了神奇的想象力。

    古希腊人和罗马人迷恋上了中国的丝绸——如此轻薄、艳丽的丝绸，穿上非常舒服，它甚至成为战胜敌人的秘密武器。

    公元前53年，罗马将军克拉苏率领他的军团东进，目标是征服安息帝国。他行军到叙利亚境内，准备和安息军队决战。长途跋涉后，疲惫的罗马部队被安息骑兵团团包围，只能拼命抵抗。战斗持续到中午，安息军队展开了他们用中国丝绸制作的鲜艳、耀眼的军旗，在阳光的映射下令人眼花缭乱。罗马人误以为是什么新式武器，惊慌之下，大败而归。

    后来，罗马人才知道这是来自东方古国的丝绸。很快，

恺撒大帝

盖乌斯·尤利乌斯·恺撒（公元前100——公元前44），史称"恺撒大帝"，罗马共和国（今地中海沿岸等地区）末期杰出的军事统帅、政治家，并且以其优越的才能成为罗马帝国的奠基者。

张骞

张骞（?——公元前114），字子文，西汉汉中成固（今陕西省汉中市城固县）人，杰出的外交家、旅行家、探险家。

张骞通西域

张骞富有开拓和冒险精神，西汉建元三年（公元前138），奉汉武帝之命，由甘父做向导，率领一百多人出使西域，打通了汉朝通往西域的南北道路，即赫赫有名的丝绸之路，汉武帝以军功封其为博望侯。史学家司马迁称赞张骞出使西域为"凿空"，意思是"开通大道"。

穿着用丝绸制成的服装成为当时罗马贵族的时尚和必备的身份象征，甚至连恺撒大帝也是如此。据说，他曾经穿着一件华丽的丝绸长袍在剧场观看表演，让贵族们十分羡慕。

西方人能接触到我们的伟大发明，离不开丝绸之路，正是这样一条道路连接和沟通了中国与西方各国。"丝绸之路"这个名称来自德国人李希霍芬在1877年出版的关于他在中国旅行见闻的书。丝绸之路是从古代中国向西，经过中亚地区，通往西亚、南亚及欧洲世界的贸易通道。

提到丝绸之路，就无法绕过"张骞通西域"的故事。当时，汉武帝招募使者前往大月氏^{zhī}，想联合他们一起对抗匈奴。张骞觉得这件事意义重大，就承担了出使的重任。他带人一路西行，虽然小心翼翼，但仍不幸被匈奴发现，最终做了俘虏^{lǔ}。一晃十多年过去了，张骞没有忘记自己的使命。元光六

匈奴

我国历史上北方一个重要的、古老的民族，它兴起于战国时期，强盛于秦末汉初匈奴是一个游牧民族，畜牧业在其社会生活中占主要地位，畜群既是他们的生产资料，又是他们的生活资料。匈奴人饲养的牲畜主要有马、牛、骆驼和驴等。

年（公元前 129），张骞趁匈奴人不备逃跑了。他打听到大月氏已经西迁，便一路西行，不畏艰难险阻，风餐露宿，闯过人迹罕至的沙漠戈壁，来到了大宛。得到大宛国王的帮助后，他继续西进，终于找到了大月氏。但张骞未能说服大月氏与汉朝联盟，只能返回东方。途中，为了躲避匈奴人，他没有走原路，而是选择了南边的道路，不料又被匈奴扣留。直到元朔三年（公元前 126），他趁着匈奴内乱再次逃出，这才回到了阔别十三年的故土。张骞向汉武帝报告了一路上的见闻。

后来，张骞再次出使西域，与各国结交，他带去了大量中国特产和礼物，其中就有丝绸。因此，张骞开辟这条通往西方道路的故事也被形容为"张骞凿空西域"。几千年来，丝绸之路促进了东西方的贸易和文化交流，今天依然发挥着重要的作用，我们国家还提出了建设"21 世纪海上丝绸之路"的构想。

 你从张骞的故事中学到了什么？

你能写出答案集吗？

丝绸引发的战争

　　丝绸的力量真不小，不仅能成为打仗的秘密武器，还能引发战争。

　　过去，中国的丝绸在西方供不应求，很多王公贵族都把它当作时尚奢侈品，争相购买。如果没有一件漂亮的丝绸衣服，都没法参加舞会。可是，从千里之外的中国运出的丝绸，要途经许多国家，才能抵达欧洲。有的国家就做起了中间商，不断地抬高丝绸价格，从中谋利。

　　比如当时的波斯人，总是利用丝绸贸易乱涨价，这气坏了东罗马的皇帝查士丁尼。公元564年，他实在忍无可忍，准备从地中海绕道非洲，利用海上的贸易通道，经南亚的印度购买中国丝绸。不知谁走漏了消息，这个秘密竟然被波斯人知道了。波斯人试图阻止查士丁尼的计划，牢牢控制住中国通向西方的陆上通道，掌握丝绸贸易的主动权。波斯人于是向埃塞俄比亚发出警告，威胁他们不准帮助东罗马人购买中国丝绸。

波斯

公元前600年开始，希腊人把伊朗高原的西南部地区称作"波斯"。直到1935年，欧洲人一直使用波斯来称呼这个地区和位于这一地区的古代君主制国家。

埃塞俄比亚迫于压力，只得让东罗马人终止了这个不切实际的计划。查士丁尼没办法，就去找突厥可汗做中间人来调解贸易纠纷。没想到，波斯人不但不同意，还两次杀害了突厥可汗派的使者。公元527年，东罗马人和波斯人之间终于爆发了战争，战火整整持续了20年。这场战争背后虽然还有重要的经济和政治原因，但丝绸贸易是引爆战争的主要导火索。

丝绸之战不只发生在国外，早在春秋战国的时候，吴国和楚国也因为蚕发生过战争，但他们争夺的不是丝绸，而是蚕的食物来源——桑树。桑树在那时就已经成为重要的生产生活资源。

据《史记》记载，吴国的卑梁和楚国的钟离是两国边境上的小城，它们相距不远。两城居民都以种桑养蚕为生，采桑是一项重要的工作。就在公元前518年的一天，这里发生了一件小事。

有一棵桑树恰巧长在了两国的边境地带，刚巧这个地方边界线模糊。先是楚国的一位女子发现了这棵长势很好的桑树，她想蚕一定非常爱吃这树上嫩嫩的叶子，便马上叫人来采摘。而此时，吴国的一位女子也发现了这棵桑树，两人都觉得这棵树归属于自己的国家，便相互指责，接着两人厮打起来。随后事态逐步发展，先是楚国的边境长官知道此事后，带人与吴国边境官兵打了起来，并把卑梁吞并了。而后吴王为此大怒，率军征伐楚国，直到夺取了楚国的两座城池后，战事才结束。

现在，"争桑"一词也成为典故，指代边境不宁。

丝绸为什么会成为人们争夺的资源？

你能写出答案来吗？

2014 年 6 月 22 日，联合国教科文组织第 38 届世界遗产委员会通过决议，将中国、哈萨克斯坦和吉尔吉斯斯坦联合申报的"丝绸之路：长安—天山廊道的路网"列入世界遗产名录。

传丝公主的秘密

在古代，养蚕的秘密是不可外传的，泄密者会被判重罪，所以出入边境的人是要被严格搜身的，以防携带蚕种。丝绸可以进行贸易，但是蚕种和桑苗是明令禁止出口的。既然如此，那蚕种又是怎么传到国外的呢？

据说，古代西域有一个瞿萨旦那国，大概位于今天新疆的和田。那里的人们看到从中国来的漂亮又柔软的丝绸，羡慕不已。他们想，自己的国家什么时候也能织绸呢？当时的西域既没有蚕种，也没有桑苗。

直到一个年轻的国王登基后，事情才发生了变化。这个国王十分崇拜东方唐朝的文化，也很想得到蚕种，他苦思冥想，终于想出了一条妙计。他派遣使者前去唐朝提亲。唐朝皇帝看到西域的国家来朝贡、提亲，觉得是件好事，也没多想，就答应了这门婚事，把一位聪明美丽的公主嫁给了瞿萨旦那国王。

临行前，使者按照国王的嘱咐，偷偷地接近公主，将他们渴望种桑养蚕的想法告诉她，并希望得到帮助。公主也希望将古老的中国文化传播到西方，便答应了他的请求。但是边境检查很严，使者也不能确定公主是否能够成功。

出发的日子到了，公主带着随从卫队，跟着使者启程前往瞿萨旦那。在通过边境的时候，队伍照例接受了严格的检查，使者为公主捏了一把汗。他们很顺利地出了关。使者怀疑公主可能没有带来蚕种，但此时也没有办法了。

到了瞿萨旦那国，公主竟然从自己的凤冠里取出了蚕种交给国王。原来，为了躲避检查，聪明的公主将蚕种藏在了这里，边境的卫兵虽然查验得很仔细，但他们不敢碰公主的凤冠。国王大喜过望，从此西域也可以养蚕了！

"传丝公主"的叫法就这样传开了。这个故事被记载在唐朝玄奘^{zàng}的《大唐西域记》里。

20 世纪初，英国的探险家斯坦因在新疆和田的丹丹乌里克寺院遗址中发现了一幅木版画，画面上有一位古代公主，她衣着十分华丽，头上挽着高高的发髻，还戴了一顶精美的头冠，里面似乎藏着什么。公主左边的侍女用左手指着公主的头冠，似乎暗指蚕种藏在其中。右边的男子正在织造丝绸。画面中还有一个长着四条臂膀，手里拿着纺丝工具的护法神。地上摆着一个筐，里面像是盛满了蚕茧。也许是当地的人们为了纪念传丝公主而创作了这幅画。这幅画现在收藏在大英博物馆。

 传丝公主偷偷带走了蚕种，你觉得她做得对吗？

你能写出答案来吗？

 《大唐西域记》

略称《西域记》，别称有《玄奘行传》。是唐代有关西域的地理著作。唐玄奘述，辩机编撰，共 12 卷。记述玄奘西行求法所历西域 110 国及所闻 30 余国的气候地理、风土人情、历史政治、神话传说、佛教遗迹等。

陵阳公样

　　拿到一件丝绸做的衣服，你最先关注的是什么？可能有人会说是纹样。虽然不同品类丝绸织物形成纹样的方法各有差异，但大多古代丝绸织物是通过经线和纬线纵横交错织造形成的。

　　我们从考古发掘的丝绸纹样中发现，早期的纹样多是由一些简单的线条和几何纹样组成的抽象图案，后来逐渐有了具体形象，无论是人物山水、飞禽走兽，还是花鸟鱼虫，都在织女的巧手中诞生了，栩栩如生。这是因为人类对于自然的认识在不断加深，审美水平也在不断提高，再加上织造技术的不断发展，图案自然从单一变成复合，按照从简单到复杂、从局部到整体，甚至从二维到三维的趋势发展。

　　古代纹样的发展还要归功于伟大的丝绸之路，如果没有东西方文化的交流，就不会有纹样的突破和创新。唐代文化强盛，包容力强。通过丝绸之路，不仅东方的货物被卖到了西方，来自中亚、西亚甚至欧洲的货物也被商人带到中国，贸易交流为中国的丝绸纹样提供了新的素材和灵感。西域就是重要的文化碰撞与交流的地区。新疆出土了大量的丝绸珍品，它们是古代商贸交流的直接证据。

　　唐代出现的陵阳公样，就是多种文化创新、融合的典型代表。

　　陵阳公样的设计者叫窦师纶(dòu lún)，字希言，隋末唐初人。由于他出任过很多官职，都干得非常出色，因此得到"陵阳公"的封号。他

家是名门望族，据说是鲜卑族的后裔。窦师纶的父亲窦抗(bēi)与唐太宗李世民的母亲是兄妹，这样算起来，他还是李世民的表兄呢。窦师纶从小受到西域文化的影响，这为他设计出陵阳公样提供了基础。他后来长期在今天的四川担任大行台检校修造一职，估计"陵阳公样"就是在这段时间设计的。

　　陵阳公样这种独特的式样在唐代非常流行，有"对雉(zhì)""斗羊""翔凤""游麟(yí)"等花式。根据出土的文物和

史料研究，陵阳公样上除了动物图案外，还有花环团窠形成的组合，其中的"联珠团窠"就属于波斯萨珊王朝的风格。

 联珠团窠

一种传统装饰纹样，指的是把大小基本相同的圆圈或者圆珠连接起来，形成圆形的骨架，分为单圈联珠和双圈联珠。纹样中心的圆内饰鸟兽人纹，圆周饰联珠，圆外的空间饰四向放射的宝相纹。

问 你理解文化交流的意义吗？

你能写出答案来吗？

答

联珠团窠纹

海上丝绸之路

海上丝绸之路

以丝绸、陶瓷贸易为主题、在中国古代长期存在的中外海上交通线。此外，中国的陶瓷、茶叶也是海洋贸易的重要商品，所以也有学者将海上丝绸之路称为"陶瓷之路""茶叶之路"。

丝绸之路，除了陆上的丝绸之路，还有海上丝绸之路，这些商贸之路都是文明互鉴的道路。

海上丝绸之路很早就有了。史书中记载了许许多多关于海外贸易的故事，这些文字和水下考古发现的遗迹都见证了中外交流的历史。

到了唐代，随着中国国力不断强盛，贸易和文化交流更加频繁。当时海上主要航线的方向是向东，目的地是朝鲜半岛和日本。后来，航线不断扩展，目的地到达了东南亚和南亚，甚至更远的阿拉伯半岛、非洲。

海上丝绸之路带动了沿海港口的发展，像广州、泉州、宁波等都是当时著名的贸易口岸。中国特产丝绸，当然还有茶叶、瓷器等，大多是通过这些口岸运往世界各地的。船队返航的时候也会带回来世界各地的特产，就像现在的"全球购"一样。

想要出海远航，就必须有制造大船和导航设备的技术。当时，中国人在这些领域技术都处在国际领先的地位——别忘了，指南针可是我们的四大发明之一。在古代中国航海的历史上，最有名的事件当然是明朝的郑和下西洋了。从明永乐三年（1405）到明宣德八年（1433），郑和率领一

支由几十艘船组成的庞大海上舰队，先后七次下西洋，历时整整28年。他的海外贸易范围扩大到了印度洋流域的各个国家。

郑和下西洋开启了我国古代海上丝绸之路的极盛时期。虽然他的舰队规模很大，但是并没有侵略的意图，而是通过丝绸贸易向沿线国家展示明帝国的强大实力和中华文化的深厚底蕴。

有关郑和下西洋的故事数不胜数，他通过贸易，也交换回来了许多稀罕东西，比如大量的珍禽异兽，其中就有长颈鹿。起初，人们将它当成了传说中的神兽麒麟，长颈鹿的形象就这样登上了官服补子。还记得什么是补子吗？在南京发掘的明代徐俌墓中就有这样一块长颈鹿纹样。

人家以前的名字叫麒麟呢！

90

海上丝绸之路的发展受到各个朝代的对外开放政策的影响，有高潮也有低谷，发展几起几落，今天的海上丝绸之路将作为沟通各大洲文明的桥梁，发挥新的作用。

 问

如果你是一艘商船的船长，你想向外国推销哪些中国产品，又带回哪些外国产品呢？

你能写出答案来吗？

 答

91

4 人物篇

文化传承
在民间

中国传统桑蚕丝织技艺形成了一整套的生产生活方式和民俗仪式。今天，我们了解中国传统桑蚕丝织技艺并不一定是为了学习织造技术，而是要感悟优秀传统文化中的精神财富。

养蚕的诀窍

　　蚕十分娇弱，有的地方还把蚕叫作"忧虫"，意思是如果稍有不注意，就可能会对它造成伤害。桑蚕丝织是古人重要的经济生产活动。为了让蚕能够健康成长，蚕农总结了许多养蚕的注意事项。

　　蚕非常爱干净，所以养蚕时首先要给它们营造一个良好的环境。

　　蚕生长的环境既要干净，还要安静，也不能有异味，特别是不能有烟味。如果人吃了或者接触了有异味的东西，最好不要去蚕房。过去是很忌讳随便闯入别人家蚕房的，特别是蚕吐丝的时候，人们认为这样会影响蚕的心情，进而影响蚕丝的质量。蚕房一定要保持适宜的温度和湿度。还因为老鼠会吃蚕，所以蚕农都会养猫除鼠。

　　蚕在生长期间并不喝水，但生物是离不开水分的，那么蚕需要的水分从哪里来呢？你想到了吗？就是从它的食物——桑叶中来。喂食的桑叶不能潮湿或者过冷、过热。

　　蚕农将总结的养殖经验写进了各种农书中，历代广泛流传。确实，蚕桑丰收是养蚕最核心的主题。人们害怕蚕宝宝生病，便有了祭祀蚕神、蚕花节日等风俗。蚕农认为蚕是有灵性的，不能对它们说不该说的话。所以，蚕农在养蚕的过程中也形成了一些语言禁忌，他们害怕说到的不好的事情有可能变成现实。

事实上，只有通过辛勤的劳作才能得到丰厚的回报。只要人们认真细致地照看蚕，它们就会吐出质量上乘的丝线。

蚕神

在古代有"蚕女""马头娘""马明王""马明菩萨""蚕花娘娘""蚕丝仙姑""蚕皇老太"等多种称呼，是民间信奉的司蚕桑之神。中国是最早发明种桑饲蚕的国家。在古代男耕女织的农业社会经济结构中，蚕桑占有重要地位。所以在古代，无论是统治阶级还是普通的劳动人民，都很尊敬蚕神。

 明朝黄省曾的《蚕经》中记载了养蚕的一些要求与规范，如"蚕之性喜静而恶喧，故宜静室；喜暖而恶湿，故宜版室"。

问

你养过宠物吗？它们都有怎样的习性？

你能写出答案来吗？

答

蚕花廿四分

　　什么是蚕花呢？这是对刚刚孵化的小蚕的叫法。有的方言也把蚕茧的收成叫"蚕花"。说到蚕花活动，人们相互祝愿时都爱说一句"保佑蚕花廿四分"，这又是什么意思呢？

　　如果一斤眠蚕可以采一斤蚕茧，就叫"一分蚕花"。一般情况下，一斤眠蚕可以采八斤蚕茧，也就是八分蚕花。有十二分蚕花就已经是好收成了。大家祝福"蚕花廿四分"，就是祝福获得双倍的丰收。

　　这个祝福与美女西施有关。

　　西施是古代四大美人之一，传说她的原名叫"施夷光"，生活在春秋时越国诸暨的萝村，因为家在西村，所以人称"西施"。她的父亲以卖柴为生，母亲在家浣纱织布，"浣"就是洗的意思。西施从小就跟着母亲一起到河边浣纱。她的美貌远近闻名，成语"沉鱼落雁"中的以美貌使鱼都羞愧得沉入水底的女子就是西施。

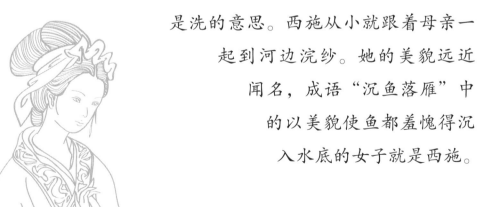

后来，吴越两国交战，越国战败求和。越王勾践没有失去信心，他一方面卧薪尝胆，寻找机会复仇，一方面让范蠡去寻找美女献给吴王夫差，想让夫差沉迷于美色而误国误民。范蠡打听到西施，将她献给了吴国。最终吴国被灭，西施后来跟随范蠡出走，不知所终。

西施送花的故事

　　相传西施离家之时正是春天，她十分不舍，却也没有办法。不远处的桑林里，一群采桑姑娘满载而归，她们头挽双丫乌丝髻，身穿白布大襟衫，腰上围着蓝纱素花裙，挎着篮子正向她这边走来。西施看到这些姑娘的笑脸，暂时忘却了离别之苦，想起自己用檀香木镂成的小花篮内有各种绚丽多彩的绢花，正好与这些美丽的姑娘相配。西施取出绢花，将它们一朵一朵地戴到姑娘们的头上。绢花分完了，可是还有一个姑娘没有花戴，西施连忙把自己头上的那朵玉蝶九香兰取了下来，亲手给这位姑娘戴在头上。

　　西施一数，不多不少，正好是十二个姑娘，她笑眯眯地说："十二位姑娘十二朵花，十二分蚕花到农家！"

　　这一年的蚕丝获得了好收成，姑娘们感谢西施带来的好兆头，也想把它延续下去。此后每年春天，为了祈求蚕茧丰收，采桑养蚕的姑娘们都在头上戴上一朵用彩纸或丝绸做成的蚕花。西施送蚕花的风俗就这样传承下来了。

各地的蚕桑文化形成了丰富多彩的民俗活动，轧蚕花就是其中一项。

当时浙江湖州的含山周围，老百姓大多以养蚕种桑为业。清明节庙会的时候大家都涌向含山，因为传说蚕花娘娘会在这天变成村姑踏遍含山的土地，留下蚕花喜气，保佑大家丰收，所以，这个时候谁来踏含山，谁就会把喜气和运气带回家，得到"蚕花廿四分"的丰收。

含山就这样成为"蚕花圣地"，山顶上建有一座蚕花娘娘的塑像。当地每年都会举行规模盛大的祭祀仪式——轧蚕花。轧蚕花活动用的蚕花都是彩纸折叠成的小花。这天大家都来到含山踏青，人群越是热闹拥挤，就预示着来年蚕业越兴旺，所谓"轧发轧发，越轧越发"。这个民俗活动还包括背蚕种宝、上山踏青、买卖蚕花、戴蚕花、水上竞技表演等内容。有机会你一定要去感受一下它的盛况。

节日里有哪些祝福的语言和行为，作用是什么？

你能写出答案来吗？

扫蚕花地民俗

你还记得蚕宝宝对房间的要求吗？对了，就是干净。蚕农们用心打扫蚕的"房间"，去除灰尘和垃圾，就是为了蚕宝宝能健康成长，吐出品质最高的丝。慢慢地，这种打扫逐渐形成了习惯性和仪式性的活动。再后来，这个活动演变成为民间歌舞表演"扫蚕花地"。这些歌舞的目的，既是要扫扫房间，扫扫晦气，期盼有个好收成，也是让自己开心，让蚕宝宝开心，这就是美好的生活。

"扫蚕花地"于清朝末年到民国时期主要流传在浙江杭州、嘉兴和湖州地区。没错，这些都是桑蚕的主要产地。据说扫蚕花地的起源地是湖州的德清县。

扫蚕花地在当地蚕农的生活中有很特殊的地位，表演的时间一般在农历三月的寒食节和清明节期间，那正是蚕桑生产开始的时候。此时家家户户都要清扫蚕房，"关蚕房门"。人们都会请民间艺人去家里表演扫蚕花地，求得大吉大利，蚕桑丰收。

扫蚕花地表演时，一般是一名妇女边唱边舞，有的表演也有男子在旁边敲小锣或小鼓伴奏，后来发

扫蚕花地

清末至民国时期，广泛流传于浙江德清东部水乡的小歌舞，多于清明前后，在农家厅堂中表演。"扫蚕花地"多为女性单人歌舞。

展到有二胡、笛子和三弦等多种民间乐器加入一起来演出。

唱词内容多为祝福蚕茧丰收和叙述养蚕劳动的情景。头戴蚕花，身穿红裙红袄，高举铺着红绸子蚕匾的女艺人首先登场亮相，这是象征蚕花娘娘给人们带来吉祥。然后女艺人用舞蹈表现养蚕的一些动作行为，比如"扫地""糊窗""采叶""喂蚕"。最后，表演在庆贺蚕茧丰收的歌声中，在妇女高举蚕匾、主人接过蚕匾的高潮中结束。不管是动作还是唱词，都很直观、质朴。

蚕匾

养蚕用具，用竹、木或苇子等制成，有长方形的，也有圆形的。

扫蚕花地的表演形式虽然简单，但在蚕农心目中是不可取代的。可以说，正是蚕农这些贴近生产和生活的民俗活动，孕育了丰富的桑蚕丝织文化。

多姿多彩的民俗生活是普通蚕农创造和传承的桑蚕丝织文化，而在文人墨客那里，却是另一番景象。

问

对于从打扫蚕室到扫蚕花地歌舞民俗的变迁，你有什么思考？

你能写出答案来吗？

答

丝绸与诗歌

不是养蚕人

遍身罗绮者

归来泪满巾

昨日入城市

你知道这首诗吗？诗的名字叫《蚕妇》，作者是宋代文学家张俞。这首诗描写了乡下采桑养蚕的妇女到城里赶集出售蚕丝，回来的时候却不停地流泪，泪水把手巾都浸湿了。她哭泣是因为那些身着绫罗绸缎的人，并不是采桑养蚕的劳动者。因为罗和绮都是昂贵的丝绸，像她这样的穷人，虽然每天辛勤劳作，采桑养蚕，却穿不起蚕丝制作的衣服。这首诗用对比的手法，揭露了贫富差距和穷人生活的艰难，表达了诗人对当时社会现实的不满。

描写蚕妇的诗在中国文学史上并不少。从古至今，借桑蚕抒发情感的诗歌可能有几千首。早在《诗经》中就有很多描写采桑养蚕的内容，比如"桑之未落，

《诗经》

中国最早的诗歌总集，编成于春秋时期，收录诗歌305篇。

其叶沃若",形容桑树长势茂盛的时候叶子滋润而有光泽。

到了唐代，有关桑蚕的诗歌就更多了。比如孟浩然的《过故人庄》中"开轩面场圃（pǔ），把酒话桑麻"。李商隐的《无题》中"春蚕到死丝方尽，蜡炬成灰泪始干"。

流传下来的不仅有描写桑蚕的诗歌，也有许多关于养蚕的歌谣。这些民间歌谣更加通俗易懂，也表现出了普通百姓的生活乐趣与现实。

比如在《吴歌》中有一首，"四月里来暖洋洋，大小农户养蚕忙。嫂嫂家里来伏叶，小姑田里去采桑。公公上街买小菜，婆婆下厨烧饭香。小孙子你莫与妈妈嚷，养蚕发财替你做衣裳。"这首歌用质朴的语言，描写了一家养蚕人在农历四月的忙碌生活。每个人分工明确，都在为家庭的美好生活而努力。

《豳（bīn）风·七月》是《诗经》中描写桑蚕生产的一篇，记述了今天陕西旬邑和彬县一带的妇女采桑育蚕和染布制衣的全过程。

问

诗句"遍身罗绮者，不是养蚕人"出自哪位诗人的《蚕妇》？

你能选出正确的答案吗？请在正确的答案后面打"✓"。

答❶ 张俞 ☐

答❷ 杜荀鹤 ☐

答❸ 来鹄 ☐

答案在第106页

桑基鱼塘的奥妙

　　你思考过鱼和蚕的关系吗？鱼在水里游，蚕却不会游泳，它们之间怎么能有关系呢！那你听说过"桑基鱼塘"吗？桑基鱼塘就是在鱼塘边上栽桑养蚕，它们共同构成了一个良性循环的生态系统。

　　杨俊成的老家在建业（今天的江苏南京），他本来是书院的一个教书先生，每天教小朋友读书认字。因为三国年间，战乱不断，吴国君主孙权为了筹集军饷养兵打仗，向老百姓征收越来越多的苛（kē）捐杂税。无奈之下，大家纷纷离开家乡外出谋生。杨俊成的学生很多都流失了，他当不成老师了。除了教书，别的他都不会，没有了生计来源。

　　树挪死，人挪（nuó）活，他不能眼睁睁看着一家老小忍饥挨饿，于是也被迫带着妻儿离开家乡去逃难。他们辗转来到了湖州菱湖镇查家籪（duàn）村北的莲花塘附近。杨俊成发现这里土质肥沃，河塘湿地芦苇丛生，长满了菱藕（líng ǒu），于是，一家人打算在此定居。他们靠着勤劳的双手，终于过上了安稳的日子。

生态系统是在一定的时空范围内，生物群落和非生物环境通过能量和物质的循环流动形成的系统，其中各种因素相互影响、相互作用，并且具有自我调节功能。生态系统可以大到整个地球，也可以小到一片池塘。

一次，杨俊成回故乡建业扫墓，带了些长江里的鱼苗回湖州。他新挖了一口池塘，取名"盼幸荡"，意思是盼望幸福的来临，并把带回的鱼苗放在里面饲养，又在塘边种桑养蚕。结果养殖量大增，他的生活越来越富裕。

人们常说，"桑茂、蚕壮、鱼肥大，塘肥、基好、蚕茧多"。每年用清理出来的池塘淤泥作为桑树的肥料，用桑叶养蚕，蚕

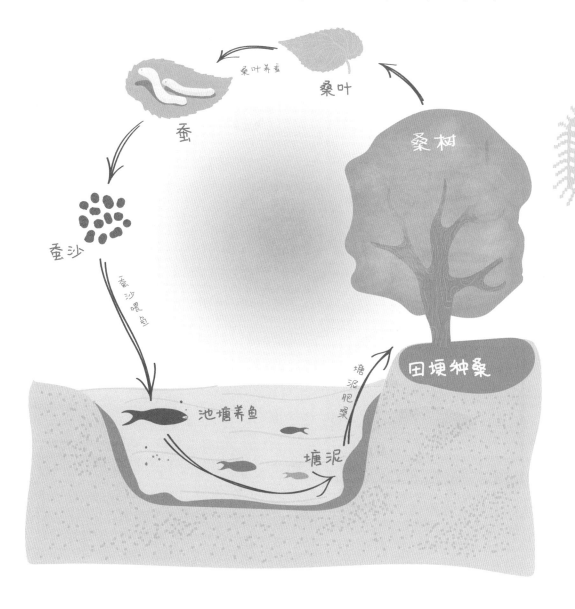

桑叶养蚕　桑叶　桑树　蚕　蚕沙　蚕沙喂鱼　田埂种桑　池塘养鱼　塘泥肥桑　塘泥

沙（蚕粪）喂鱼，这样不但降低了单独养鱼的经济成本，也形成了一个良性的生态循环系统，更重要的是减少了环境污染。人们既可以吃到肥美的鲜鱼，又可以从事桑蚕丝织，一举多得。这种养殖方式在很多地方得到了推广。桑基鱼塘是我国古代人民爱护环境、人与自然和谐共生的生动例子。

在唐代以前，鲤鱼是养殖最为广泛的淡水鱼。但是因为唐皇室姓李，所以鲤鱼的养殖、捕捞、销售均被禁止。渔业养殖者只得从事其他品种的生产，于是就产生了青、草、鲢、鳙四大家鱼。

青鱼

草鱼

鳙鱼

鲢鱼

结合身边的故事，想想生态失去平衡会给人类带来哪些问题。

你能写出答案来吗？

绘制《耕织图》

技艺传承是非物质文化遗产存续力的保证，那么传承的方式有哪些呢？你有没有想过绘制图画也是其中重要的一种。历朝历代都有许多反映纺织生活的图画，最著名的莫过于南宋楼璹所作的《耕织图》，这是反映当时江南农耕与蚕织民俗生活的全景图画。楼璹用极其细致的笔触刻画出人们正在劳作的场面。

楼璹是浙江鄞县人，出生在一个仕宦家庭，当过县令。据说他为官清廉，体恤百姓，受到大家的赞扬。《耕织图》正是他关心农业生产、感叹农民辛苦的有感之作。如果楼璹没有仔细地观察生活，没有认真地琢磨研究，他是创作不出这样一组连细微之处都刻画得非常细致的作品的。他创作这组画也是为了推广农桑生产技术，让大家都能过上富裕的日子。

《耕织图》一共 45 幅，其中农耕图 21 幅，蚕织图 24 幅，详细记录了耕田栽秧和蚕桑丝织的各个环节。传说原作有正本和副本，正本被献给了宋高宗，副本由楼璹的孙子楼洪和楼深刻成石刻本流传于后世。现在正本已经失传，只剩下当时皇帝让翰林院画师临摹的部分蚕织图和画上面题写的 45 首五言诗。

几百年后，清朝的康熙皇帝南巡。当他见到《耕织图》所附的诗后，觉得"男耕女织"是立国之本，一定要传承下去，就让宫廷画家焦秉贞在剩余残卷的基础上，重新绘制新的耕织图，称作《御制耕织图》，最初的版本于康熙三十五年（公元1696）印制。这个版本得到了广泛流传，我们现在也可以看到。这组新作一共46幅，其中《耕图》和《织图》各有23幅。《织图》的内容包括浴蚕、二眠、三眠、大起、捉绩、分箔、采桑、上簇、炙箔、下簇、择茧、窖茧、练丝、蚕蛾、祀谢、纬、织、络丝、经、染色、攀花、剪帛、成衣。

这就是桑蚕丝织的基本流程。感兴趣的话你可以把这些图都找出来看看，再读读上面的题诗，这样你会获得关于桑蚕丝织文化更丰富的信息。

古代皇帝很重视桑蚕丝织，这是为什么呢？这就要讲到一个词语"劝课农桑"。在古汉语里，"劝"有说服和勉励的意思，"课"就是督促完成。所以，"劝课农桑"就是鼓励百姓认真勤劳地完成农业、织业和其他手工业的生产，因为它们是农耕社会立国的根本。

为什么农桑在我国古代社会里如此重要？

你能写出答案来吗？

据《礼记》记载，"天子亲耕于南郊""后率外内命妇始蚕于北郊"，可见自周代始，国家的祭典中就明确了"男耕女织"的格局。后来历朝历代的皇帝和皇后都把它当作重要的礼仪活动，并且制定了一套相关规则。

工业革命的到来

　　神奇的织造故事和美丽的桑蚕传说，是不是让你也喜欢上了中国的丝绸文化，希望它能得到更好的传承和保护？传统技艺的传承依靠的是人，随着时代的变迁，有些技艺可能已经失传或者被新的技艺所取代，或许你以为这些传统技艺离我们的时代和生活已经很遥远了，其实，令人惊叹的丝织技艺就在我们身边。

　　你或许又会想，商场里的丝织品花钱就可以买到，这些丝织品为什么会和非物质文化遗产产生了关联？你看，我们讲的非遗项目的名称是"中国传统桑蚕丝织技艺"，丝绸服饰等丝织品就是这个技艺制造出来的产品，丝织品的织造凝结了千百年来无数工匠的心血和智慧。

　　你可能感受不到社会的快速变化，不过你可以问问爸爸妈妈或其他长辈，大到整个世界，小到生活的各个方面，变化的发生是多么迅速。为什么会发生这么大的变化？这可能绕不过去一个词，那就是"工业革命"。

　　有人说，我们现在的时间好像被压缩了，过去上千年才能发生的改变，现在可能只需要几年时间。社会的发展让我们从农耕文明走向了工业文明，机器大量代替了人工。想想看，我们靠《耕织图》传播知识的时代已经成为遥远的过去了。

回到故事的主题，我们一直在讲织工和绣娘的辛勤劳作，可是当清朝末年机器在纺织工业里运用之后，织工和绣娘们大多沦为了廉价的劳动力。人工生产自然是无法和机器生产相比的，机器被应用在缫丝和提花等环节，织造的速度的确更快了，工作效率也大幅度提高，这是工业革命积极的一方面。相对应的则是，很多从事织绣行业的普通工匠面临失业的窘境。传统丝绸织造业面临着危机与挑战。

不过，虽然机器在很多方面优势明显，但是手工织造中饱含着机器所没有的人类智慧与情感。你知道吗，织工们每创造出一个新的花样，其实都是一次创新。机器作业提高了产能，降低了成本，让更多老百姓享受到了丝织品的好处，可是，有一些织造技艺中的关键步骤，却是机器所不能取代的。

另外，不要小看工匠们编织的花样，每一个设计好的花样都可以看作一组程序编码。我们都知道，计算机采用二进制代码来处理信息，如果把经线提起来用"1"表示，不提

工业革命

于18世纪60年代首先发生在当时资本主义最发达的英国。随着瓦特改良蒸汽机，工业革命得到进一步发展。值得一提的是，英国纺织工人哈格里夫斯在1764年发明的手摇纺纱机，大大提高了纺织领域的生产效率。

起来用"0"表示，每组"编码"都让人惊叹。

面对工业技术日新月异的变化，我们要做的就是正确应对，让传统在我们的手中焕发新的光彩。

 比较一下手工织造的丝绸和机器织造的丝绸，说说它们各有哪些特点。

你能写出答案来吗？

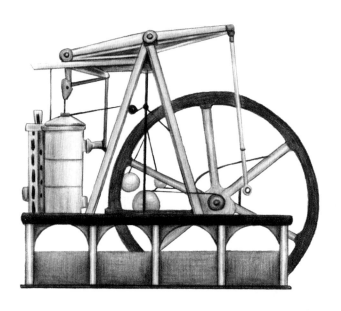

传承人与工匠精神

　　故事讲到这里就接近尾声了。数千年的桑蚕丝织历史中还有好多精彩的故事，也希望你在这趟短暂的丝绸之旅中能有收获，能对非物质文化遗产产生兴趣，爱上中华优秀传统文化，去做一个小小的传承人。

不要觉得桑蚕丝织技艺的传承只与织造工匠有关，普通人因为不了解这些复杂的技艺就与传承无关。不要忘了，普通人，包括正在看书的你，也是传统文化的传承人。只有使更多的人了解并爱上传统文化，才有传承的可能，也只有这样，才有发展的可能。许许多多伟大而平凡的匠人，他们拥有巧夺天工的技艺，秉承着工匠精神，在桑蚕丝织技艺的传承中发挥着重要的作用。在新技术不断涌现的 21 世纪里，代表性传承人能够默默坚守这份情怀，非常不容易。我们要感谢他们的坚守，让我们在今天还能够看到宝贵的非物质文化遗产。

让我们回到本书的主题，一起来念一首在湖州流传的《养蚕歌》吧。

作为非物质文化遗产的小小传承人，你可以通过哪些方式传承传播优秀传统文化呢？

你能写出答案来吗？

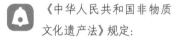《中华人民共和国非物质文化遗产法》规定：

非物质文化遗产代表性项目的代表性传承人应当符合下列条件：

（一）熟练掌握其传承的非物质文化遗产；

（二）在特定领域内具有代表性，并在一定区域内具有较大影响；

（三）积极开展传承活动。

养蚕歌

一到四月五月天，家家养蚕不得闲。

哪怕日日忙辛苦，只怕蚕饿不结茧。

叶大要拿刀切细，叶湿要用布擦干。

儿啼女哭顾不得，把蚕当作儿女看。

头眠二眠三四眠，结成茧子白又鲜。

缫丝织绸制衣服，穿在身上轻又软。